JN026556

Re-learning business matters

社会人10年目の
ビジネス学び直し

== 仕事効率化&自動化のための ==

Excel関数

Office 2021/2019/2016/2013 & Microsoft 365対応 == 虎 の 巻

古 川 順 平

インプレス

　この本は、Excel関数の使いこなせるようになりたい、あるいは、学び直したいと思っている方に、関数の仕組みを以下の3ステップでご紹介し、最終的には「関数を好きになってもらおう」と企んでいる本です。

　　1. 関数という仕組みの全体的な考え方を知ってもらう
　　2. 関数の便利な入力方法や整理方法を知ってもらう
　　3. 個別の関数の考え方や使いどころを知ってもらう

　言うまでもなく、Excelの関数は便利です。本当に。「こういう計算がしたい」という手作業では大変な計算があっという間にでき、しかも、計算式の再利用までできてしまうのですから。

　便利すぎて使う方も増え、「こういう関数もあったら便利なのにな」という要望が生まれた結果、メーカー側もそれに応え「OK、作ります」と、新しい関数が続々と追加されてきました。

　結果、関数の総量は膨大になり、2023年現在では500種類に迫っています。ワオ。数を聞いただけで「覚えるのは無理」としり込みしてしまう数ですね。真面目にこれを丸暗記しようとするのはかなりの苦行です。さらに新しい関数には、かつての関数とは根本的に考え方が違う新しい仕組みのものもあります。

　この数や「関数」という難しそうな言葉、さらには「新しい仕組みは馴染みがなくてちょっと……」と、敬遠している人が出てしまっているのではないでしょうか。実は、私もかつてはその1人でした。

　しかし、便利なのは間違いありません。そして、日々関数を使いこなしている方であっても、全ての関数を覚えているわけではありません。本質的な関数の「仕組み」を押さえ、自分の業務に合ったいくつかの関数を集中的に使っている方がほとんどです。

しり込みしてしまって諦めてしまうのは、あまりにも
もったいないことです。だって、**関数はとても便利な**の
ですから！

　そこで考えました。個々の関数を個々に丸暗記するのではなく、全体とし
ての考え方、そして、使い方を押さえた上で、個別のケースについてのちょっ
としたコツに触れていけばよいのではないかな、と。

　第1章では、**関数という仕組みとそのルール**をご紹介します。全ての関数
に共通する考え方とルール、そして、新しく追加された関数の基本となる考
え方とルールを押さえることで、使い方の基礎を整理します。

　第2章では、**関数式を入力する際に便利な入力方法や操作**をご紹介します。
簡単に入力できるようになることで、意図した計算を思考を途切れさせずに行
えるだけでなく、素早く入力できたという行為そのものが楽しいという、作
業を前に進めるモチベーションが得られます。「スパっと入力できて気持ち
いい！」という楽しさって案外重要で、なにより楽しいんです。ぜひ、体験
して下さい。

　そして第3章以降では、業務でよく使う関数や、典型的な「考え方」を持
つ関数をピックアップし、**その使いどころと考え方をご紹介します。クラシ
カルでスタンダードなものから、新規に追加された関数の使いどころ、基本
ルール、考え方**を体験して下さい。

　始めて関数に触れる方はもちろん、「勉強したことがあるけどよくわからな
かった」「使ってみたけど覚えるのが面倒で……」「10年来使っているけど、
どうも使い方が我流になってしまっているようで気になる」という方も、あ
らためて関数と向き合い、学び、その魅力を知って下さい。そして関数を好
きになってもらえれば幸いです。その「好き」と言う気持ちが、さらに関数、
ひいては業務に向き合う原動力になってくれることでしょう。

なるほど。関数の勉強と言うよりも、その魅力をプレゼ
ンするみたいな本なんですね。それなら読めそう！

でも、好きになるだけで本当に身につくのかな？ 読んでおしまい、なんてことになってしまうんじゃ。

確かに。なんだかんだ、Excelを使えるようになりたいというのが目的だものね。楽しいだけじゃ困るかな。

大丈夫。段階を経て少しずつ「知る」ことで、少しずつ「解る」と「好き」が深まっていくようにしてみました。

好きになる方法の1つって「知る」ことって言いますものね。それ、聞いたことあります！

少しずつ「解る」のもいいね。「解る」と嬉しくなって、次の段階を勉強するのも、実際に使うのもはかどるものね。

そうですね。ただ、好きになりすぎると「難しい関数式を作りたくなってしまう罠」というのも待っています。

あー、たまに先輩が作ったExcelで見かけます。趣味ならいいんですけど、仕事でやられると困っちゃって。

本書では、その辺りの注意と対策法もちょいちょいご紹介しています。さあ、それでは始めていきましょう！

2023年2月　古川順平

P.12で紹介するサポートページからサンプルをダウンロードして、動作を確認しながら読んでいきましょう！

　本書には、すべてのレッスンごとにExcelのサンプルデータが付いています。解説を読みながら、実際にサンプルを使って動作確認をしたり、引数をアレンジしたりすることで、よりいっそう「学び直し」しやすいように配慮しています。

このレッスンで扱うサンプルデータの名称

■ 2つのシリアル値間の日数を求める　　Sample 34_DAYS関数.xlsx

　2つの日付シリアル値の間の日数が何日なのかを求めるには、**DAYS関数**を利用します。

	A	B	C	D	E
1					
2		支払い日当計算			
3		日当	8,000		
4					
5		開始日	終了日	日数	金額
6		4月20日	4月30日	10	80,000
7		4月25日	5月10日	15	120,000
8		12月15日	1月8日	24	192,000
9					

2つのシリアル値の間の日数を取得して計算に利用している

サンプルデータの仕組みや動作について図解で解説

なるほど、手元のパソコンで動作や仕組みを確認しながら、関数の学び直しが行えるんですね！ これは便利です。

実際の業務で使う際にも、流用やアレンジして使えそうなので、助かります！

Contents

第 1 章　関数の仕組みをおさらいしよう　　13

第 2 章　効率のよい関数の入力方法　　25

第**4**章 時間や期間を計算する関数 85

第5章 データをきちんと整える関数　　111

第6章 注目データを見つける関数 145

第7章 自動化計算のための関数 171

サンプルデータのダウンロードについて

本書で紹介している作例は、以下の本書のサポートページからダウンロードできます。サンプルデータは「501621-sample.zip」というファイル名で、ZIP形式で圧縮されています。展開してご利用ください。

https://book.impress.co.jp/books/1122101141

本書の前提

- 本書掲載の画面などは、Microsoft 365をもとにしています。
- 本書のサンプルデータが動作するExcelのバージョンは、Excel 2021/2019/2016/2013（Office）およびMicrosoft 365ですが、記事の内容やサンプルにより対応・非対応が異なります。どのExcelのバージョンが対応しているかは、各記事の左上に記載されたバージョンをご確認ください。
- 本書に記載されている情報は、2023年2月時点のものです。
- 本書に掲載されているサンプル、および実行結果を記した画面イメージなどは、上記環境にて再現された一例です。
- 本書の内容に関して適用した結果生じたこと、また、適用できなかった結果について、著者および出版社ともに一切の責任を負えませんので、あらかじめご了承ください。
- 本書に記載されているウェブサイトなどは、予告なく変更されていることがあります。
- 本書に記載されている会社名、製品名、サービス名などは、一般に各社の商標または登録商標です。なお、本書では™、®、©マークを省略しています。

関数の仕組みを
おさらいしよう

普段、なんとなく関数を使っています
……。もう一度、基本をおさらいしたい
ので、基本を教えてください！

まずは、関数とはどういう仕組みなのか
基本を整理してみましょう。慌てずゆっ
くり説明しますね。

関数とは必要な材料から計算結果を返す仕組み

関数のおさらいをするわけだけど、そもそも関数ってどんなものなのだろう？

じゃあ、まずは大まかな仕組みと、仕組みの中で使う用語からおさらいしていきましょう。

関数とはどんな仕組みなのか

Sample 01_関数とは.xlsx

　Excelの**関数**とはどんな仕組みなのでしょう。ひと言で言うと「計算結果を返す仕組み」です。どんな計算を行うかは「**関数名**」によって決まり、その計算に必要な情報は「**引数**」の仕組みで指定します。

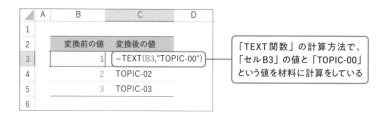

「TEXT関数」の計算方法で、「セルB3」の値と「TOPIC-00」という値を材料に計算をしている

● 関数の基本構文

　Excelの関数は、計算を行う印である「＝（イコール）」から入力を始め、関数名を記述し、続く「（）（カッコ）」の中に引数を指定します。

＝関数名（引数）

　関数の基本構文は、**イコール・関数名・カッコの中に引数**、です。

● 関数名とは計算方法のこと

　どんな計算を行うかは関数によって異なります。例えば、**SUM関数**は合計の計算を行い、**AVERAGE関数**は平均の計算を行います。大体は関数名が計算方法を表しているのですが、英語ベースの名前ですので、ちょっと覚えるのが大変なところもありますね。ともあれ、関数によって行う計算が異なります。

● 引数とは計算に使う情報のこと

　計算を行うためには、計算に応じた情報が必要です。例えば、合計を求めたいなら、**何を合計の対象とするのかの情報**が必要ですよね。関数では、この計算に必要な情報を、**引数**という仕組みで指定します。

　ちなみに、「引数」は「ひきすう」と読みます。また、「引数を指定する」ことを、「引数を渡す」と表現することもあります。

● 複数の引数が必要な場合に備えて順番が決められている

　計算の種類によっては、**複数の引数の指定が必要な場合**もあります。そういった場合には、**カッコの中に「,(カンマ)」で区切って引数を指定**していきます。この際、指定する引数にはあらかじめ順番が定められています。

　例えば、「値に表示形式を適用した計算」を行う**TEXT関数**には、「値」と「表示形式」の2つの情報が必要ですが、「値」→「表示形式」の順番で指定するルールになっています。

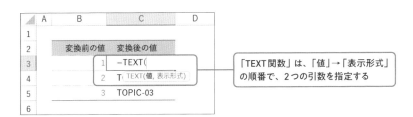

「TEXT関数」は、「値」→「表示形式」の順番で、2つの引数を指定する

　こういった順番を決めておけば、「これは『値』でこっちは『表示形式』だから」と説明せずとも、どちらがどの情報なのかがシンプルに決まりますね。**順番を決めて専用の箱を用意しておき、対応する箱の中に情報を入れてもらうような仕組み**になっています。

　あらためて整理すると、**関数は計算を行う仕組み**であり、**計算の方法は関数名で指定**し、**計算に使う情報は引数で渡します**。まずはこのルールを押さえておきましょう。

> **✓ ここがポイント!**
>
> 関数は他のセルの内容を変更できません。あくまでも、計算結果を「返す」だけです。関数の結果を元に他のセルの内容を変更するには、別途、変更を行う操作が必要になります。

Chapter 1

関数の仕組みをおさらいしよう

Lesson 02

関数は分類ごとに計算方法が整理されている

365・2021・2019・2016・2013対応

関数の基本の構成はわかったけど、じゃあ、僕の使いたい計算はどうやって探せばいいでしょうか？

探すのは書籍やWebサイトがお勧めです。丸暗記しなくても、ざっと覚えて、分類を頼りに探せば大丈夫ですよ。

■ 関数は分類と関数名で選ぶ

Sample 02_関数の分類.xlsx

Excelには実に500個近くの関数が用意されています。多種多様の計算に対応できるよう、多種多様の関数が用意されているわけですね。しかし、数が多いという事は、目的の関数を探すのが大変ということでもあります。そこで、関数の探し方を押さえておきましょう。

● まずは書籍やWebサイトでざっと関数を知るのが一番

Excelは長い歴史を持つアプリですので、既に多くの先人が「こういうケースではこの関数が使えますよ」と、情報を公開して下さっていることが多くあります。この情報を利用しない手はありません。まったく初めての場合は書籍を1冊買って読むのが効率的でしょう。ある程度専門的な用途であれば、Webサイトで「Excel 関数 ○○したい ○○できない」等のキーワードで検索するのがお勧めです。

● [数式] タブ内に整理されている分類を頼りに選択

関数は丸暗記しなくても大丈夫です。Excelの関数は、[数式] タブ内に整理・分類されています。

[数式] タブ内の各種ボタンごとに整理・分類されている

SUM関数等、基本の集計用関数が分類されている［オートSUM］、直近で利用した関数をまとめた［最近使った関数］以下、用途ごとに個別にまとめられています。

ボタンを押すと、**その分類に登録されている関数一覧がリスト表示**され、個別の関数にマウスポインタを重ねると、簡単な説明がポップアップ表示されます。

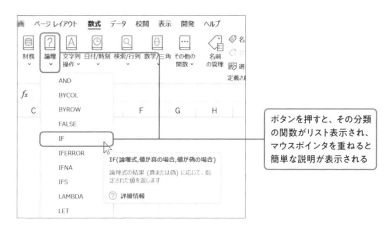

ボタンを押すと、その分類の関数がリスト表示され、マウスポインタを重ねると簡単な説明が表示される

この仕組みを頼りに、関数の大体の用途を覚えておき、「確か、こういう用途の関数があったな」と、［数式］タブ内の分類から辿って探せばよいのです。

よく使う関数であれば［最近使った関数］ボタンから探すのが便利でしょうし、そもそも、よく使う関数は自然に覚えます。

● 全ての関数を覚える必要はない

関数は、**全てを覚える必要は全くありません**。自分の目的や業務に合わせた数個を使えればOKです。その数個すらも丸暗記しなくて大丈夫です。**ざっと用途を覚えておき、調べながら入力しても十分役に立ちます**。

Tips おさらい組は［互換性］分類にも注目

［その他の関数］－［互換性］にはバージョンアップ前の関数がまとめられています。ここの関数には、アップデートされた関数が別にある、ということですね。久しぶりに使う場合は、よく使っていたおなじみの関数がないかチェックしておきましょう。

省略可能な引数って何？

365・2021・
2019・2016・
2013対応

 計算に必要な情報とはいえ、引数の種類や順番を覚え
たり、入力したりするのは面倒ですよね……。

 引数にはいろいろな指定方法があるんです。セルの値を使っ
たり、省略したりすると楽になりますよ。

■ 引数はいろいろな方法で指定可能　〔Sample 03_引数の指定.xlsx〕

　Excelでは関数の引数を、様々な方法で指定できます。また、計算方法の
設定を行う引数の多くは、省略可能になっています。

● 値を直接入力する

　最も基本的な方法は、**値を直接入力**する方法です。数値や文字（文字列）、
日付等は、それぞれ次の形で指定します。

　数値はそのまま、**文字**は「" "（ダブルクォーテーション）」で囲みます。**日付**に
関しては、「"2023/05/01"」「"令和5年5月1日"」のように「日付と見なせる
文字」を指定するか、「DATE（2023,5,1）」等、日付値に変換する関数（P.76、
78参照）を利用します（より確実なのは関数の利用です）。

● セルを参照する

　既にセルやセル範囲に入力されている値を引数にする場合は、「**どのセル
の値を『参照』するのか**」を、**セル番地**を使って指定します。例えば、セル
A1を参照する場合は、「=関数名(A1)」のように指定します。なお、セル参
照の指定方法に関しては、後のレッスンで詳しくご紹介します。

■ 省略可能な引数の仕組み

　計算方法を指定する引数の多くは省略可能です。**省略時は「何も指定がなければこの設定で計算しますね」という既定の設定と、それに対応する値（規定値）が決められており、適用されます。**

　例えば、**XLOOKUP関数**は、6つの引数を持ちますが、設定が**必須な引数**は最初の3つで、残りの3つは**省略可能な引数**です。次図でいうと、引数名が**「[ ]（角カッコ）」**で囲まれている引数が、省略可能な引数です。

```
=XLOOKUP("A-02",B3:B5,商品)
XLOOKUP(検索値, 検索範囲, 戻り範囲, [見つからない場合], [一致モード], [検索モード])
```

| 最初の3つは必須 | | 角カッコで囲まれた3つは省略可能 |

※本文中はXLOOKUP関数を利用していますが、Excel 2019以前でも動作確認できるよう、サンプルではシートを分けてVLOOKUP関数を利用しています

● 引数の省略方法

　省略可能な引数は、どの引数も必須な引数の後ろの順番に設定されています。指定しない場合は、列記しない形で入力すればOKです。

= 関数名（引数1, 引数2, 引数3）

　また、「4番目・5番目は省略し、6番目だけ指定したい」というような場合は、**既定の設定のまま利用したい引数については何も入力せずに飛ばし、カンマで区切る形で指定します。**

= 関数名（引数1, 引数2, 引数3, , , 引数6）

● 規定値の調べ方

　省略可能な引数の**規定値**はヘルプやリファレンス、もしくは、書籍やWeb等で確認できます。うまく使っていきましょう。

✓ **ここがポイント！**

引数を「飛ばす」形で入力すると、見にくくなる場合もあります。その場合には飛ばさずに規定値を入力する方法がお勧めです。

関数は組み合わせて利用することもできる

365・2021・
2019・2016・
2013対応

2つ以上の関数を使った計算の答えってどうしたらいいのかな？　やっぱり別々に計算するんでしょうか？

関数は組み合わせての利用もできますよ。関数の引数として、別の関数を指定してしまえばOKです。

■ 引数として他の関数の結果を利用　　Sample 04_関数の入れ子.xlsx

Excelでは、複数の関数を組み合わせて利用することも可能です。次の例では、当日の日付を返す**TODAY関数**と、2つの日付の間の日数を返す**DAYS関数**を組み合わせて利用しています。

DAYS関数の引数にTODAY関数を指定している

DAYS関数は終了日と開始日の2つの引数を指定しますが、終了日はセルC2の値を指定し、開始日は**TODAY関数**を直接指定しています。結果として、**DAYS関数**は「当日（TODAY）からセルC2の日付までの残り日数」を返します。このように、関数は別の関数の中に**入れ子**として利用できます。

● 関数の戻り値を引数に利用するという考え方

少し詳しく仕組みを見ていきましょう。関数は仕組みとして、1つの関数につき、1つの計算結果（戻り値）を返します。ある関数を別の関数の引数として指定すると、**ある関数の戻り値の値を引数とした、別の関数の計算結果が取得できます**。

入れ子状の関数が引数として指定されると、まず、引数として指定した内側の関数が計算され、戻り値が返ります。その後、入れ子の外側の関数が計算され、最終的な戻り値を返します。

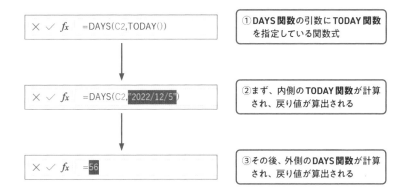

①DAYS関数の引数にTODAY関数
を指定している関数式

②まず、内側のTODAY関数が計算
され、戻り値が算出される

③その後、外側のDAYS関数が計算
され、戻り値が算出される

関数を入れ子にして作成することで、**複数の関数を組み合わせて利用する複雑な計算を、1つのセル内の関数式だけで完結させる**ことも可能です。非常に便利な仕組みなので、ぜひ、マスターしましょう。

● あえて入れ子にしないという選択も大切

関数は入れ子にして利用できますが、注意も必要です。それは、あまりに複数の関数を入れ子にしたり、「入れ子の関数の中でさらに入れ子を使う」等、階層を深くしすぎたりしてしまうと、**複雑な計算式になり過ぎて、何を計算しているのかわからない状態**になってしまう点です。

この状態は非常に危険です。何をしているのか不明なため、**修正しようと思っても、作った本人以外、時には、作った本人でさえ変更できないブラックボックス、いわゆる、技術的負債となる「怖いセル」**になってしまいます。

そのため、あえて関数を入れ子にせず、複数の別々のセル（いわゆる**作業セル／作業列**。レッスン26参照）で簡単な下準備となる計算を行い、最終的に作業セルの値で計算を行う、という運用を行うことも多くあります。

入れ子の仕組みは便利ですが、複雑になりすぎないようご注意を。

✓ ここがポイント！

関数の中には入れ子として利用するのが前提の関数もたくさんあります。代表的な関数は、**IFERROR関数**です。IFERROR関数は、1つ目の引数に指定した式の結果がエラーかどうかによって、表示する内容を切り替える関数です。つまりは、**1つ目の引数は関数式を入れ子として指定することが前提**なわけですね。

Lesson 05 スピルの仕組みで まとめて計算結果を表示

365・2021
対応

 たまに結果がはみ出て表示される関数があります。関数は計算結果を1つだけ返すんじゃなかったの？

 戻り値が配列のタイプの関数ですね。その場合、配列の内容をスピルの仕組みで表示するんです。

■ 起点セルから計算結果を「溢れて」表示　Sample 05_スピル関数.xlsx

　表引き結果を返す**XLOOKUP関数**や、抽出結果を返す**FILTER関数**などの戻り値は、単一セルに収まりきりません。この場合、結果は**関数を入力したセルを起点にして「溢れて」表示**されます。

　この形式での表示を本書では「**スピル形式**」、起点セルと「溢れた」セル範囲を合わせた範囲を「**スピル範囲**」と呼ぶことにします。なお、**スピル形式で表示されるのは、Microsoft 365、Excel 2021以降のバージョン**となります。

● 戻り値が「配列」であるとスピル形式で表示される

　Excelでは配列式を入力すると、スピル形式で表示されます。Excelのシート上で扱う配列（以下、「配列」と表記）とは、ざっくり言うと「**〇行△列という形式でまとめたデータ**」を扱う仕組みです。

　例えば、次ページの図はセルH2に1〜8の値を「2行4列」の配列として入力・表示しています。ちょうどExcelのセルのように、行・列ごとのグリッドに分けてまとめ、表示できる形で管理された値のグループを扱える仕組みとなっています。

22

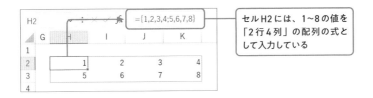

セルH2には、1~8の値を「2行4列」の配列の式として入力している

関数のいくつかは、戻り値をこの配列の状態で返すため、結果がスピル形式で表示されます。

● スピル形式の範囲は専用の扱い方ができる

スピル形式は、複数の値をまとめてシート上に展開できる他、専用の「**#（シャープ）**」演算子（**スピル範囲演算子**）を使って「スピル範囲のセル全体」を参照できるようにもなります。

次図では、セルF3を起点にスピル表示した**FILTER関数**での結果を、**SORT関数**の1番目の引数に「**F3#**」とスピル範囲演算子を使って指定することで、**FILTER関数**の戻り値であるスピル範囲全体を並べ替えた結果を表示します。

スピル範囲は「起点セル#」の形式で他の関数の引数などに指定できる

関数の結果により変動の可能性があるセル範囲を、「**起点セルからのスピル範囲**」の形で参照できるため、結果が変動しても参照セル範囲の変更は不要となります。このセル参照に関しては、P.48をご覧ください。

Tips　直接配列式を作成するには

配列式を直接作成したい場合は、以下のルールで記述します。

1. 全体は「{ }（波カッコ）」で囲む
2. ヨコ（列）方向のデータは「,（カンマ）」で区切る
3. タテ（行）方向のデータは「;（セミコロン）」で区切る

丸暗記する必要はありませんが、スピル関連の参照式と組み合わせると便利な場面もありますので、頭の隅に入れておきましょう。なお、配列は、**複数行にわたる値をまとめて扱えますが、各行のデータの個数は同じ数である必要があります。**

数式を保護する方法

　せっかく作成した関数式や数式をうっかり消去したり上書きしたりするのを防ぐには、[校閲]タブ内の[シートの保護]ボタンを押してシートの内容を保護しましょう。保護機能は、全てのセルの編集を禁止します。

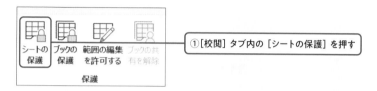

①[校閲]タブ内の[シートの保護]を押す

　ただ、そのままだと眺めるだけしかできませんよね。そこで、編集しても良いセルはあらかじめ保護対象から外しておきます。セル範囲を選択し、[ホーム]−[書式]−[セルの書式]等で表示される[セルの書式設定]ダイアログ内の[保護]欄にある[ロック]のチェックを外しておきます。

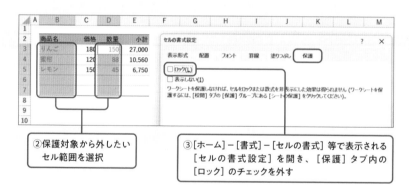

②保護対象から外したい
セル範囲を選択

③[ホーム]−[書式]−[セルの書式]等で表示される
[セルの書式設定]を開き、[保護]タブ内の
[ロック]のチェックを外す

　この状態でシートの保護を行えば、ロックを外したセル範囲は編集可能なままとなります。

　なお、保護を解除するには、[シートの保護]ボタンと切り替え表示される[シート保護の解除]ボタンを押します。

保護を解除するには[校閲]タブ内の
[シートの保護の解除]を押す

第 **2** 章

効率のよい
関数の入力方法

関数って入力がいまいち難しいんですよ
ね。入力ミスを減らしたり、効率よく入
力する方法はありますか？

関数の入力はいくつかのテクニックを覚
えるととても簡単になります。ここでは
その方法を押さえましょう。

関数式はセルもしくは
数式バーから入力する

 関数はセルに直接入力すればいいですよね。でも、た
まに変な表示になることがあるんですけど……。

 セルの書式設定の影響ですね。関数は数式バーでも入力でき
ますので、併用していきましょう。

■ セル内編集モードで直接入力　　　`Sample 06_関数の確認と入力.xlsx`

　　関数式を入力する際の基本操作は、**セル内編集モードへの移行**です。関数
式を入力したいセルを選択し、**セルをダブルクリック**、もしくは、 F2 を押
すと、**セルの中に編集位置を示すカレットが表示され、セル内編集モードへ**
と移行します。

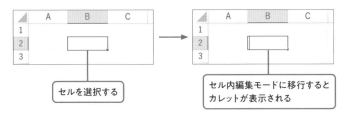

セルを選択する

セル内編集モードに移行すると
カレットが表示される

　　セル内編集モードに移行後は、矢印キーによる動作が、セルの選択ではな
く、選択セル内のカレットの位置の移動に変化します。

● セルに直接入力

　　セル内編集モードに移行したら、イコールから始まる関数式を入力してい
きます。この際、**関数名の入力は大文字・小文字のどちらでも構いません**。
例えば、SUM関数を利用したい場合には、次のどちらでも構いません。

```
=SUM(セル範囲)
```

```
=sum(セル範囲)
```

　　関数式の入力中、セルには数式が表示されていますが、 Enter で入力確定
すると、**関数式の結果**が表示されます。

■ 数式バーを利用して書式に惑わされずに入力

フォントが設定してあったり、「右揃え」等の書式が設定されているセルをセル内編集モードに移行すると、設定が反映された状態で数式が表示されます。ちょっと見難いですよね。

こんな時は**数式バー**を利用した入力・編集が便利です。

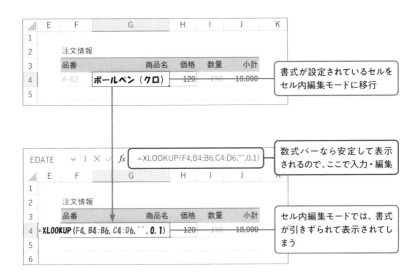

● セルを選択するだけで数式バーに式の内容が表示される

画面上部の数式バーには、**選択中のセルの数式や値が表示**されます。このとき、**数式バーをマウスでクリックすると、数式バー内にカレットが表示され、数式バー内で式の入力や編集を行えます**。表示内容は書式が適用されませんので、どんな書式が設定されていても、安定して数式の内容を確認・編集可能です。

2つの方法を併用しながら関数式を入力・編集していきましょう。

> **Tips** 他のセルをじっくり見たいときも数式バーが便利
>
> セル内編集モードは、他のセルに数式をはみ出して表示します。対して数式バーのみで編集する場合は、はみ出しません。そのため、他のセルを見ながら式を作りたい場合、数式バーのみで式を編集すると見やすくなります。

Lesson 07
関数は楽すればするほど正確・簡単に入力できる

365・2021・2019・2016・2013対応

 関数はセルか数式バーから入力するのはわかったけど、具体的にどういう流れで入力するんでしょう?

 イコール、関数名、引数の順番で入力していきます。入力支援機能を活用すると、楽に正確に入力できます。

■ まずは関数名を入力

Sample 07_入力補助機能.xlsx

関数式を入力するには、**イコール、関数名、引数の順番**で入力していきます。関数名さえ入力すれば、どんな引数を入力すればいいかはヒントが表示されますので、それを見ながら入力できます。

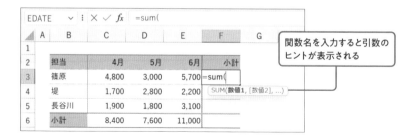

関数名を入力すると引数のヒントが表示される

● 関数名は途中まで入力した時点で候補がリスト表示される

関数名は途中まで入力した時点で、**数式オートコンプリート機能**が働き、入力時点での関数の候補がリスト表示されます。

矢印キーの上下等で、**リストの中から目的の関数を選択し、[Tab]を押すと、「=関数名(」まで入力されます。**

> **Tips** ヒントを表示させたければ「日本語入力オフ」で入力
>
> ヒントは日本語入力モードがオンの状態では表示されません。利用する場合はオフにしておきましょう。また、うっかり「＝すm」などとオンのまま入力しても、[F10]を押す等の操作で「=sum」と半角英数字に変換した上で、あらためて「(」等、続きを入力すれば、その時点でヒントが表示されます。

28

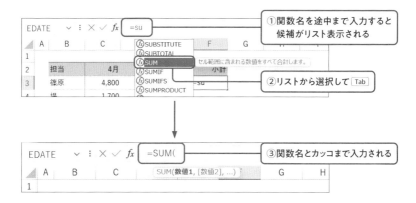

①関数名を途中まで入力すると
候補がリスト表示される

②リストから選択して [Tab]

③関数名とカッコまで入力される

リストを無視してそのまま入力しても構いませんが、**リストを利用した方
が正確な関数名が素早く入力できます**。長い関数名でも楽ちんですね。

■ 引数はヒントや候補のリストを活用しながら指定

関数名が入力できたら、次は引数です。引数はヒントを表示させ、見なが
ら引数を指定していくのが簡単でしょう。値を指定するには、レッスン03で
ご紹介した形式で直接入力します。ざっくりとしたルールは、「**数値はその
まま**」「**文字と日付は""で囲む**」です。

● セル参照は直接引数としたいセルを指定

引数にセルへの参照を指定するには、「B2」等、直接セル番地を入力する
他、キーボードやマウスでセル範囲を選択するスタイルでもOKです。

**入力したい引数の位置にカレットがある状態で、セル範囲を選択すると、
そのセル範囲のセル番地が自動入力されます。**

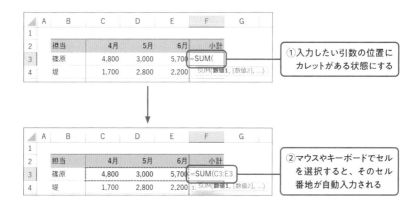

①入力したい引数の位置に
カレットがある状態にする

②マウスやキーボードでセル
を選択すると、そのセル
番地が自動入力される

● 計算方法を指定する系の引数は候補がリスト表示される

計算方法を指定する引数には、「0」「-1」等の数値や真偽値で対応する計算方式を指定するものが多く、どの値がどの計算方法なのか混乱しそうですが、数式オートコンプリート機能を利用すればその心配もありません。

この手の引数を入力しようとすると、**計算方法と、対応する値のリストが表示されます**。矢印キーの上下等の操作で**選択し、**Tab **を押せば対応する値が入力されます**。

引数を全て指定し終えたら、 Enter で**入力を確定**します。すると、セルには関数の戻り値が表示されます。

Tips 関数の挿入ボタンでダイアログ表示からの入力も可能

関数は専用のダイアログからの入力も可能です。関数を入力中に数式バー左端の [fx] ボタン（[関数の挿入] ボタン）を押すと、その時点の入力状態に応じたダイアログが表示されます。例えば、関数名を入力した時点で押すと、引数一覧を表示・入力できる [関数の引数] ダイアログが表示されます。

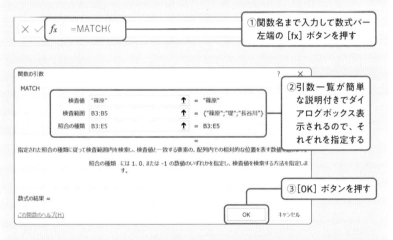

各引数を指定し、[OK] ボタンを押せば入力完了です。
なお、このダイアログは、[数式] タブ内の各種関数の分類ボタンを押した際にも表示されます（レッスン02を参照）。

■ 作成した関数式の確認・修正方法

　関数を入力すると、セルには計算結果である戻り値が表示されます。あらためて関数式を確認・修正するには、該当セルを選択し、**数式バーから確認・修正可能**です。

　また、セル上で確認・編集したい場合には、F2 を押す等の操作でセル内編集モードに移行すると、その場での確認・編集が可能です。

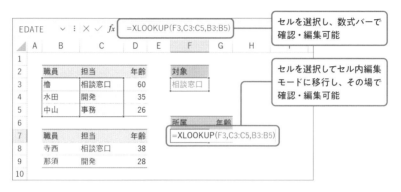

● セル参照は「枠」をドラッグして再設定が可能

　引数にセル参照を利用している場合には、編集の際に**現在の参照セル範囲が、引数ごとに色分けされた枠で囲まれて表示**されます。この枠は、**四隅のハンドルをドラッグすると範囲が、枠をドラッグすると参照セルの位置が、**それぞれ変更できます。

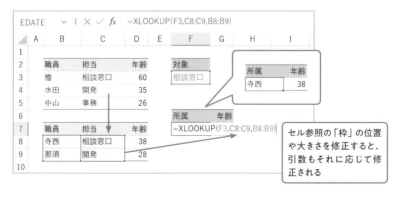

　この「枠」は、位置や大きさを修正したい場合にも便利ですが、**関数が意図したセルを参照しているのかの確認にも大いに役立ちます。**

※本文中は XLOOKUP 関数を利用していますが、Excel 2019以前でも動作確認できるよう、サンプルではシートを分けて INDEX 関数を利用しています

キーボードを使った
セル参照のテクニック

365・2021・
2019・2016・
2013対応

 マウスでセル参照を指定するとき、うまく指定できな
くて時間がかかってしまうんですけど……。

 キーボードでの指定はどうでしょう。意図した範囲を、きっち
り指定しやすいんです。

■ 安心のキーボード入力

Sample 08_キーボード入力.xlsx

　関数式を入力する際、「ダブルクリックしたら端まで飛んだ」「参照範囲を
マウスで変更しようとしたら他の枠が邪魔」「参照したいセルが離れた位置
にあって画面のスクロールが大変」等の「事故」が起きた事はないでしょう
か。**これらの「事故」は、キーボードで参照を行うスタイルにすれば一気に
起きにくくなります。**

● 矢印キーで参照開始

　基本は**矢印キーでの移動**です。関数式内の参照を入力したい位置で矢印
キーを押すと、その方向へセル参照の「枠」が表示されます。**目的のセルま
で矢印キーで移動すれば、移動先のセルへの参照が引数に入力されます。**矢
印キーで1セルずつ移動するため、目的のセルを確実に指定できますね。

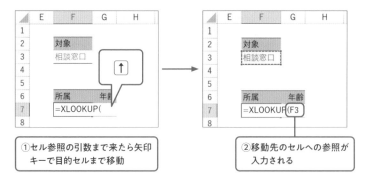

①セル参照の引数まで来たら矢印
キーで目的セルまで移動

②移動先のセルへの参照が
入力される

　なお、矢印キーを押しても「枠」が表示されない場合は、 F2 を押してか
ら矢印キーで移動を開始してください。

■ キーボードでセル範囲を選択するには

単一セルではなくセル範囲を選択するには、矢印キーに加え、 Shift と Ctrl を併用します。

● Shift ＋矢印キーで範囲選択

Shift を押しながら矢印キーを押すと、範囲を選択できます。

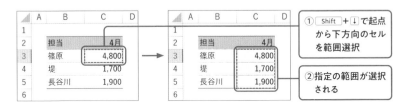

① Shift ＋ ↓ で起点から下方向のセルを範囲選択

②指定の範囲が選択される

● Ctrl ＋矢印キーで端までジャンプ

Ctrl を押しながら矢印キーを押すと、「端」までジャンプします。遠い位置のセルまで一気に移動できますね。

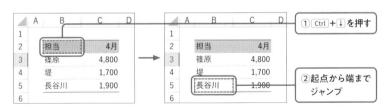

① Ctrl ＋ ↓ を押す

②起点から端までジャンプ

● Ctrl ＋ Shift ＋矢印キーで行・列全体を選択

Ctrl ＋ Shift を押しながら矢印キーを押すと、「端」まで範囲選択します。列方向に範囲選択後、続けて行方向に範囲選択すれば、表形式のセル範囲を一気に参照できます。目的のセルまで素早く移動し、サッと行全体・列全体を選択できるお勧めの指定方法です。

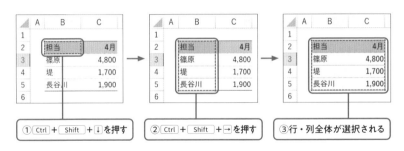

① Ctrl ＋ Shift ＋ ↓ を押す
② Ctrl ＋ Shift ＋ → を押す
③行・列全体が選択される

Lesson 09

選択セル範囲に一気に同じ式を入力

365・2021・
2019・2016・
2013対応

結構な数のセルに同じような関数を入力したいんだけど楽な方法はないかなあ？

範囲選択と [Ctrl] を組み合わせるのがお勧めですよ。選択範囲に一気に入力できるんです。

■ 同じ数式を入力する機会は多い

Sample 09_範囲に一括入力.xlsx

下図のような表のF列にまとめて関数式を入力してみましょう。

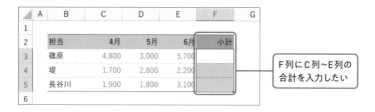

F列にC列〜E列の合計を入力したい

● 範囲を選択して [Ctrl] + [Enter] で入力

セル範囲F3:F5を選択後、「=SUM(C3:E3)」と入力し [Ctrl] + [Enter] で確定します。すると、**選択セル範囲全体に関数式が一括入力されます**。

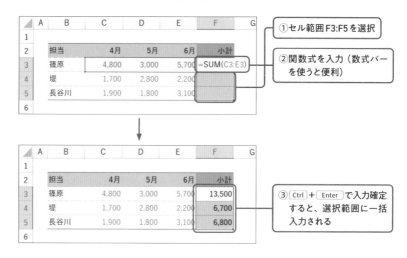

① セル範囲 F3:F5 を選択

② 関数式を入力（数式バーを使うと便利）

③ [Ctrl] + [Enter] で入力確定すると、選択範囲に一括入力される

● 参照セル範囲は行・列ごとに相対的なセル範囲が指定される

一括入力する関数式内でセル参照を入力する際、**相対参照**（P.36参照）で入力すると、起点となるセルにはそのままの式が入力され、それ以外のセルにはそれぞれ相対位置にあるセルへの参照が入力されます。

つまりは、**複数行・列に一括入力しても、対応する行・列のセル範囲へと自動的に修正して入力してくれます**。便利ですね。

なお、この際の**起点となるセルは、範囲選択を開始したセル**（範囲選択中に、白くハイライト表示されているセル）となります。

ちなみに、同じ関数式を複数セル範囲に入力する方法は、他にも「コピー（P.38）」「オートフィル（P.42）」等の手段がありますが、Ctrl + Enter による**一括入力は**

- 式のみを入力できる（書式に影響を与えない）
- キーボードのみで操作を完結しやすい

というメリットがあります。

Ctrl または Shift + 矢印キーによるジャンプや範囲選択と組み合わせると、キーボードのみで素早く広範囲に関数式が入力できるようになります。キーボード操作派の方は積極的にマスターして活用して下さい。

> **Tips** 単一セルに対して Ctrl + Enter は「その場入力」
>
> Ctrl + Enter による式の確定は、単一セルに入力する関数式にも利用できます。その場合、Enter による確定と比べ、「入力確定後に他のセルに移動しない」という特徴があります。
> 入力確定後、すぐにキーボードで範囲選択して［書式を含めコピー］→［値のみ貼り付け］などの操作を行いたい場合に知っておくと便利です。

Lesson
10
数式をコピーして 素早く入力

365・2021・
2019・2016・
2013対応

関数式もコピーできるみたいだけど、うまくいく時と
いかない時があるんですよね……。

相対参照と絶対参照の考え方を押さえておくと、いろいろな場
面でのコピーがうまくいきますよ。

■ 相対参照と絶対参照

Sample 10_数式のコピー.xlsx

同じ計算を複数のセルで行いたい場合、まず、1つのセルで関数式を作成
し、それを他の場所へコピーするのが効率的です。

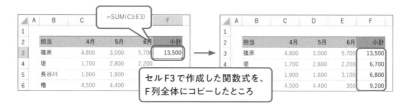

セルF3で作成した関数式を、
F列全体にコピーしたところ

例えば、セルF3に作成した関数式を、残りのF列のセルにコピーする基本
的な手順は、次のようになります。

1. セルF3を選択し、 Ctrl + C でコピー

2. 貼り付け先となる残りのセル範囲を選択

3. Ctrl + V で貼り付け

関数式内でセル参照を利用している場合は、貼り付け先に応じて自動的に
参照位置が行方向、列方向にズレて入力されます。便利ですね。

しかし、どういったルールでズレているのでしょうか。実は「相対参照」
と「絶対参照」という2種類の考え方でズレる位置を判断しています。

● 相対参照と絶対参照

考え方	仕組みのあらまし
相対参照	起点セルからどれだけ離れた位置のセルなのかで判断
絶対参照	シート内のどの位置のセルなのかで判断

● 相対参照の考え方

　相対参照とは、セル参照を「数式の入力されているセルから、どれだけ離れた位置のセルなのか」という視点で扱う考え方です。

　学校の教室をイメージすると、「あなたの左隣の人」という指定方法ですね。起点となる場所があり、そこからの相対的な位置関係を考えます。

　セルF3の関数式内で、相対参照としてセル範囲C3:E3を指定した場合は、「3つ左のセルと、1つ左のセルの間の範囲」が参照されます。

	A	B	C	D	E	F	G
1							
2		担当	4月	5月	6月	小計	
3		篠原	4,800	3,000	5,700	=SUM(C3:E3)	
4		堤					
5		長谷川					

> セルF3から、「3つ左のセルと、1つ左のセルの間のセル」という考え方が相対参照

● 絶対参照の考え方

　絶対参照とは、セル参照を「どのセル番地なのか」という視点で扱う考え方です。

　学校の教室をイメージすると、「2列目の前から3番目の人」という指定方法ですね。まず、タテ・ヨコの2方向で位置を特定できる区切りを設け、その区切りの中のどの位置なのかを考えます。

　関数式内で、絶対参照としてセル範囲C3:E3と指定した場合は、「セルC3とセルE3の間の範囲」が参照されます。式が作成される場所は問いません。だから「絶対」参照なんですね。

	A	B	C	D	E	F	G
1							
2		担当	4月	5月	6月	小計	
3		篠原	4,800	3,000	5,700	=SUM($C$3:$E$3)	
4		堤					
5		長谷川					

> 式を入力する場所がどこであろうと、「セルC3とセルE3の間のセル」という考え方が絶対参照

　Excelの基本の考え方は相対参照です。そのため、関数式をコピーした場合には、**それぞれ貼り付け先のセルを起点とした位置のセルを参照するように「ズレる」**のです。

絶対参照に切り替えるには

　セル参照を含む数式をコピーすると、基本、ズレます。しかし、ズレてほしくないケースもあります。例えば、**XLOOKUP関数**などで特定セル範囲に入力されているデータを元に表引きを行っているケースです。

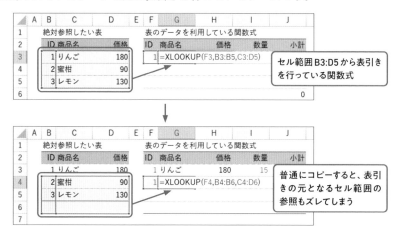

　表引きの仕組みでは、大元の一覧表となるセル範囲は常に固定のセル範囲です。コピー時にズレてほしくありません。そこで絶対参照の出番です。

● 絶対参照したいセル範囲は「$」を付ける

　絶対参照とするには、セル番地の指定に「**$（ドルマーク）**」を組み合わせて指定します。絶対参照とすると、コピーしてもズレなくなります。

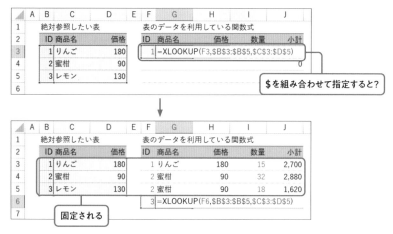

※本文中はXLOOKUP関数を利用していますが、Excel 2019以前でも動作確認できるよう、サンプルではシートを分けてVLOOKUP関数を利用しています

● 絶対参照⇔相対参照を簡単に切り替えるには F4

セル参照に「$」を付けるには、**セル参照している箇所を選択し、**F4 を押します。押すたびに［相対参照］［絶対参照］［行だけ絶対参照］［列だけ絶対参照］と切り替わります。

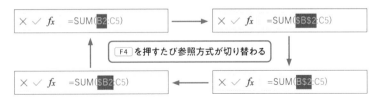

また、関数式内の複数の引数のセル参照の参照方式を、まとめて変更したい場合は、まとめて選択後に F4 を押せば一括変換されます。

 行・列で参照方式が異なる参照を「複合参照」と呼びます。

Tips $をイカリに見立てて「動かしたくない場所を固定」

相対参照・絶対参照は、数式をコピーして使いまわす際に大変便利な仕組みなのですが、考え出すとややこしくて混乱する仕組みでもあります。そこで、単純に考えてみましょう。「$」は船を停泊させるときに使うイカリに似ています。「動かしたくない場所の前側にイカリを置く」というイメージで絶対参照する場所を判断するのです。

▲	A	B	C	D	E	F	G
1							
2		材料	原価	原価係数	高熱費	希望価格	
3		材料A	100	1.1	10	=$C3*$D3+$E3	
4		材料B	200	1.05	25	235	

「列は動かしたくない」ので列の前に「$」を置く

例えば、一覧表形式でデータを整理する場合には、「行方向はズレていいけど、列は動かしたくない」ケースが多いでしょう。「列を動かしたくない」のであれば「列の前に$」です。単純な考えですが、意外に役に立つのです。

■ コピー作業時に役立つテクニック

作成済みの関数式をコピーする機会はかなりあります。そこで、このコピー操作自体を深掘りしてみましょう。コピーに対する理解が深まり、作業効率が上がってくると、結果として関数式を再利用できる場面が増え、よりよいブックが効率的に作成できるようになります。

● ［形式を選択して貼り付け］で貼り付ける要素を指定する

コピーの基本は、 Ctrl + C でコピーして Ctrl + V で貼り付けです。このコピーは、数式や値だけでなく、書式や表示形式までコピーします。便利な反面、既に書式が設定されている場合には大きなお世話になります。

こんな時は、 Ctrl + V ではなく、 Ctrl + Alt + V を押しましょう。すると、［形式を選択して貼り付け］ダイアログが表示されます。

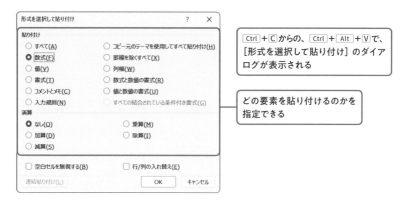

Ctrl + C からの、 Ctrl + Alt + V で、［形式を選択して貼り付け］のダイアログが表示される

どの要素を貼り付けるのかを指定できる

ダイアログでは、コピーしたセルのうち、どの要素を貼り付けるのかを指定し、貼り付けることが可能です。例えば、**数式のみコピーしたい場合は**［数式］オプションを選択します。よく使う形式は、次の3つです。

ダイアログ内の要素は、**矢印キーで選択可能**です。目的の要素が選択できたら、そのまま Enter で貼り付けが実行されます。

● 要素を貼り付ける際によく使う形式

形式	貼り付けられる内容
数式	数式のみ。書式や表示形式はそのまま
値	数式としてではなく戻り値の値のみを貼り付け
数式と数値の書式	数式を貼り付け、3桁区切りなどの書式もコピー

● 貼り付け形式を決定する別ルート

　形式を選択して貼り付ける際、[Ctrl] + [Alt] + [V] を押すのがちょっと煩雑という場合は別ルートもあります。[Ctrl] + [V] → [Ctrl] です。

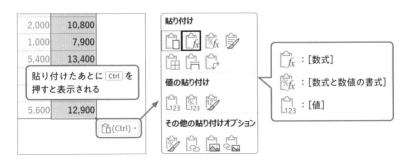

　つまりは、普通に貼り付けた後に[Ctrl]を押します。すると、**貼り付けオプションメニュー**が表示されますので、矢印キーで形式を選択して[Enter]を押すと、その形式の要素のみが貼り付けられます。

　こちらの方が**同時に押すキーが少ない**ため、リズムに乗って作業を進められます。ちなみに、筆者はこちら派です。

● 表の「隣」を素早く選択するパターン

　既存の表の「隣」に素早くコピーして貼り付ける操作を考えてみましょう。数式をコピー後、表内の端の列全体を[Ctrl] + [Shift] + [↓]で選択後、[Shift] + [→] → [Tab] → [Shift] + [→]で「右隣全体」が選択できます。この状態で貼り付けを行えば、表の「隣」に一気に貼り付けできますね。

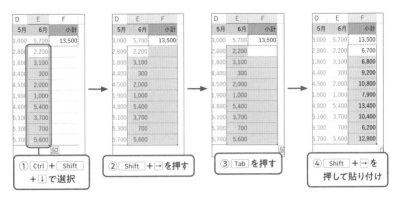

　「隣」や「下」への追加はよくありますので、自分なりの選択パターンを作っておくとスムーズに表の作成が進むでしょう。

Lesson 11 オートフィル機能で一気にコピー入力

365・2021・2019・2016・2013対応

数字や文字はオートフィル機能で連続データを作ったり一括入力できるけど、関数もできるのかな?

もちろんできますよ。特に一覧表に一括入力したい時に便利なんです。

■ 表の「隣」に一気に関数式を入力

Sample 11_オートフィル.xlsx

　一覧表形式で並べたデータの「隣」に、表内のデータを使った関数式を入力することはよくあるでしょう。このケースでは、**一番上のセルに関数式を入力し、残りはオートフィル機能で一気にコピーする**スタイルが楽です。

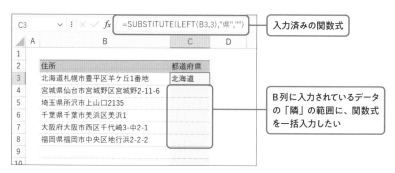

● フィルハンドルをドラッグ、もしくは、ダブルクリック

　方法は非常にシンプルで、関数式を入力したセルを選択し、セル右下に表示される**+**マーク（フィルハンドル）をダブルクリックするだけです。

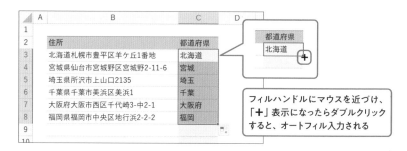

42

すると、隣のセルのデータの末尾の行に合わせたセル範囲まで、関数式の
セルがオートフィル入力（コピーと同じ動作）されます。
　また、フィルハンドルをダブルクリックせずにドラッグすると、**ドラッグ
したセル範囲にのみオートフィル入力**を行います。表内の末尾までコピーを
行う際にはダブルクリック、途中まででいいのであればドラッグ、と使い分
けましょう。

● データを追記した場合は末尾の関数式をオートフィルするだけ

　一覧表のデータ側に新規のデータを追加した場合には、**関数の入力されて
いる列の末尾のセルを選択し、フィルハンドルをダブルクリックするだけで、
追加データに合わせたセル範囲まで関数式がコピー**されます。

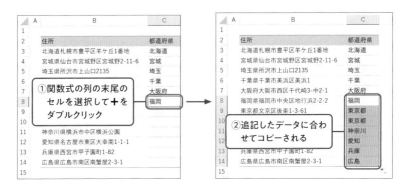

● 書式をコピーしたくない場合はオートフィルオプションで解除

　オートフィルは便利な機能ですが、コピー機能と同じく書式もコピーしま
す。書式のコピーが不要な場合は、オートフィル後に対象範囲右下に表示さ
れる［オートフィルオプション］ボタンを押し、［書式なしコピー（フィル）］
を選択しましょう。

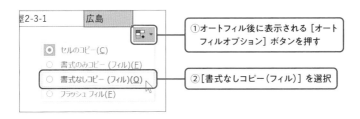

データの追加には列・テーブル単位で即対応

 せっかく関数式を作っても、データを追加するたびに
参照セルを更新しなくちゃいけないんですけど……。

 データの追加に対応するには、列単位での参照や、テーブル
の仕組みを使うと簡単になりますよ。

■ データの追加に対応する参照スタイル Sample 12_テーブル.xlsx

　セル範囲を参照している関数式を利用している場合、参照している一覧表
等に新規のデータを追加したら、併せて関数式側の参照も更新する必要があ
ります。データの追加と、参照の更新はセットの作業になります。

	A	B	C	D	E	F	G	H	I	J	K
1		参照している表					表のデータを利用している関数式				
2		ID	商品名	価格		ID	商品名	価格	数量	小計	
3		1	ワイン	1,500		1	=XLOOKUP(F3,$B$3:$B$5,$C$3:$D$5)				
4		2	タオル	250		2	タオル	250	240	60,000	
5		3	マカロニ	400		3	マカロニ	400	38	15,200	
6											
7							表にデータを追加すると、表を関数式側の				
8							参照もセットで更新する必要がある				
9											

　なかなかに面倒な作業ですよね。面倒なだけであればまだ良いのですが、
うっかり参照の更新を忘れると、正しく動作しなくなってしまいます。
　そこで、データの追加に自動対応できる仕組みを考えてみましょう。

	A	B	C	D	E	F	G	H	I	J	K
1		参照している表					表のデータを利用している関数式				
2		ID	商品名	価格		ID	商品名	価格	数量	小計	
3		1	ワイン	1,500		1	=XLOOKUP(F3,$B$3:$B$5,$C$3:$D$5)				
4		2	タオル	250		4	#N/A		240	0	
5		3	マカロニ	400		6	#N/A		38	0	
6		4	パイ	780						0	
7		5	あんパン	140		参照の更新を忘れた状態。意図したような					
8		6	レタス	120		戻り値が得られなくなってしまう					
9											

※本文中は XLOOKUP 関数を利用していますが、Excel 2019 以前でも動作確認できるよう、サンプルでは
　シートを分けて VLOOKUP 関数を利用しています

● 列をまるごと参照

手軽な対策は、列をまるごと参照するスタイルです。

列をまるごと参照したところ。タテ方向の
データの追加に自動対応できる

表側の「任意のセル範囲」という考えでなく「任意の列」という考えで参照します。参照式としては、範囲の先頭となる列見出しと、終端となる列見出しを「:(コロン)」で繋いで表記します。

先頭の列見出し:終端の列見出し

「B列全体」であれば「B:B」、「C列とD列の間の列全体」であれば「C:D」となります。簡単ですね。

また、表形式のセル範囲を参照する場合、関数式のコピー時に参照がズレないように絶対参照にすることが多くあるため、「$B$3:$B$5」のような表記となり、ちょっと見づらくなりがちです。これが列全体のスタイルであれば、「$B:$B」、あるいは、タテ方向のズレはそもそも起きないスタイルなので、「B:B」で済みます。ズレず、見やすくなるとは一石二鳥ですね。

● 列全体選択は列見出しをクリック

列全体の参照を関数式に入力するには、**マウス操作で列見出しをクリック／ドラッグするだけで入力**されます。

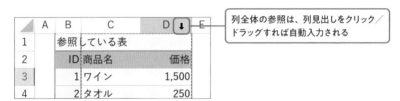

列全体の参照は、列見出しをクリック／
ドラッグすれば自動入力される

行全体の参照も可能です。入力は、行見出しを利用します。

■ テーブル機能なら列名やテーブル名で指定可能

少し準備が必要ですが、絶大なわかりやすさと便利さがある対策が、**テーブル機能との組み合わせ**です。テーブル機能を使い「テーブル」として定義したセル範囲は、**テーブル名や列名を使って参照**できるようになります。この参照形式を、**構造化参照**と呼びます。

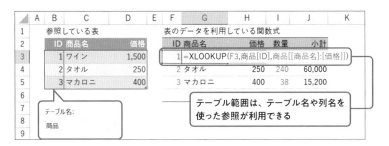

また、**テーブル範囲は、新規のデータを追加すると自動的にテーブルとして定義されているセル範囲を拡張します**。つまり、テーブル内のデータを構造化参照で参照している関数式側は変更不要になります。

A	B	C	D	E	F	G	H	I	J	K
1		参照している表				表のデータを利用している関数式				
2		ID 商品名		価格		ID 商品名		価格	数量	小計
3		1 ワイン		1,500		1 =XLOOKUP(F3,商品[ID],商品[[商品名]:[価格]])				
4		2 タオル		250		4 パイ		780	240	187,200
5		3 マカロニ		400		6 レタス		120	38	4,560
6		4 パイ		780						
7		5 あんパン		140		テーブル範囲は自動拡張されるので、データを追加				
8		6 レタス		120		しても、関数式側の構造化参照式は変更不要				
9										

● 構造化参照のルール

場 所	表記ルール
見出しを除いた範囲	テーブル名 [#データ]、もしくは、テーブル名
特定の列	テーブル名 [列名]
特定の列範囲	テーブル名 [[先頭の列名]:[末尾の列名]]
同じ行の特定列のデータ	テーブル名 [@列名]
見出しを含むすべて	テーブル名 [#すべて]
見出し	テーブル名 [#見出し]

※「列名」は見出し行に入力してある値

● 参照式は該当セルを選択すれば自動入力してくれる

構造化参照は、テーブル名と列名（見出し行の値）で参照できるため、どこを参照しているかがわかりやすくなります。また、「数式でテーブル名を使用する」設定にしてあれば、**式の入力中にテーブル範囲内の該当セル範囲を選択するだけで、構造化参照の式が自動入力**されます。

 設定項目は[オプション]－[数式]内にあります。

● テーブルの作成方法とテーブル名の指定方法

任意のセル範囲をテーブル範囲に変換するには、リボンの[挿入]－[テーブル]を選択します。テーブル範囲内を選択中は、リボンに[テーブルデザイン]タブが表示され、**テーブル名の設定**や、**テーブルのスタイルの変更**が行えます。用途がわかりやすいテーブル名を付けておきましょう。

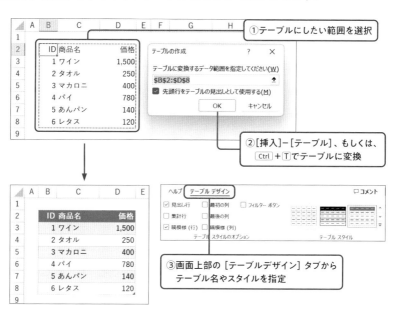

Tips　便利でもあり厄介でもある「スタイル」

セル範囲をテーブルに変換すると、自動的に罫線や背景色などの「スタイル」が適用され、フィルターボタンが表示されます。不要の場合は、[テーブルデザイン]タブ内の[テーブルスタイル]の右下のボタンを押し、下端の[クリア]を選択したり、[フィルターボタン]のチェックを外しましょう。

Lesson 13

スピル範囲演算子で
スピル範囲を自動追跡

365・2021
対応

スピル形式で結果を返す関数って、結果の範囲が結構
変わって追いかけるのが大変なんですよね……。

そういう時にはスピル範囲演算子を利用すると、結果の範囲
を自動的に追いかけてくれますよ。

■ スピル範囲を追いかける

Sample 13_スピル範囲演算子.xlsx

Microsoft 365やExcel 2021以降では、**スピル範囲演算子「#」をセル参照
の末尾に付加**すると、「**そのセルを起点とするスピル範囲**」を参照します。

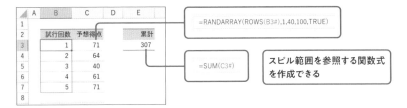

上図の例では、セル B3、セル C3 にそれぞれ配列を戻り値とする関数式が
入力されていますが、結果のスピル範囲は「B3#」「C3#」という形で他の関
数内で参照できます。

●「起点セルの数式の結果」のセル範囲という考え方

任意のセル範囲を決め打ちで指定するのではなく、あくまでも、指定する
のは起点セルです。そのため、配列を返す式の結果が変動しても、それを参
照する関数式の方は修正の必要がありません。

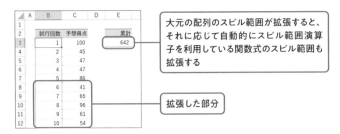

●「セル範囲」ではなく「配列」に着目した式が作成できる

スピル範囲演算子は、**指定セルを起点としたスピル範囲を参照**します。そのため、スピル形式の関数だけでなく、**ダイレクトに配列を入力してスピル形式で表示させた場合でも、そのスピル範囲を参照**します。

次図では、セルG2を起点に「={"氏名", "所属"}」と配列形式で2つの値を入力し、そのスピル範囲をMATCH関数の引数として使用しています。

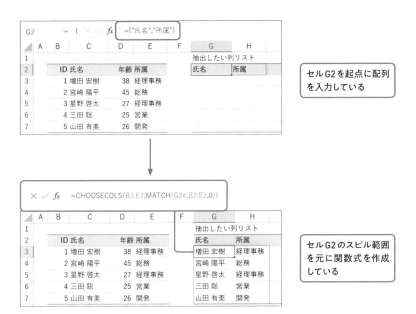

すると、MATCH関数の戻り値も、スピル範囲の個々の値に応じた配列の形で返されます。この配列を、指定範囲から特定の列番号の列のみを抜き出すCHOOSECOLS関数の引数に指定しています。結果として、セルG2を起点として入力した配列の見出し名の列のみを抜き出しています。

このように、**可変するリストを元に計算を行う仕組みを作りたい**というケースで、配列とスピル範囲演算子が活躍してくれます。

✓ ここがポイント!

スピル範囲のうち、数式バーで単色表示される「溢れた」セル範囲は「ゴースト」や「ゴースト範囲」と呼ばれます。ゴースト範囲のセルは、スピル範囲演算子の起点としては機能しませんのでご注意下さい。

Lesson 14

数式バー内で改行して 関数式を見やすく整理

365・2021・
2019・2016・
2013対応

関数の中に関数を入れ子にしていくと、どんどん関数式が見にくくなっていってしまうんです。

実は式の中に改行やスペースを入れられるんです。区切りに入れていくと、整理整頓できますよ。

■ 数式バーを広げて改行

Sample 14_数式を改行.xlsx

実は数式バーは広げられます。そして、数式には改行やスペースを入れることができます。この仕組みを利用すると、複雑な関数式を整理した状態で確認・編集できるようになります。

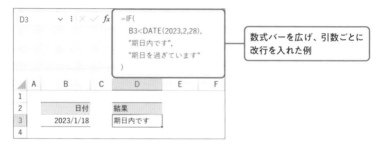

数式バーを広げ、引数ごとに改行を入れた例

● 数式バーの幅を変更

数式バーは右端のボタンを押すと広がります。広がった時の高さ（表示行数）は、数式バー下端にマウスカーソルを近づけ、マウスポインタが［‡］状態の時にドラッグすると調整可能です。

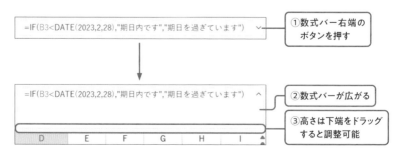

①数式バー右端のボタンを押す

②数式バーが広がる

③高さは下端をドラッグすると調整可能

● [Alt] + [Enter] で数式内改行

数式バー内を選択し、[Alt] + [Enter] を押すと、数式内で改行します。また、スペースバーで空白を入力できます。

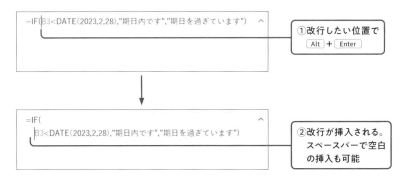

①改行したい位置で
[Alt] + [Enter]

②改行が挿入される。スペースバーで空白の挿入も可能

この仕組みを使って、自分が見やすいように数式を整理していきましょう。お勧めは、引数ごとに改行を入れたり、入れ子の関数ごとにインデントを付けて区切るスタイルです。

引数ごとに改行したスタイル

引数ごとに改行し、さらに入れ子にインデントを付けたスタイル

あまり長すぎる関数式は、そもそも作らない方がセーフティなのですが、この仕組みで整理整頓しておくと、後で見直したときに、どういう計算をしているのかを確認しやすくなります。修正する場合も、どこを修正すればどうなるのかが把握しやすくなりますね。

なお、数式バー内では、[Tab] によるタブ文字の挿入はできません（選択セルが移動してしまいます）。注意しましょう。

☀️ **Tips**　LAMBDA 関数や LET 関数は改行と相性がいい

Microsoft 365、Excel 2021以降には、**LAMBDA関数**や**LET関数**等、複数の数式を組み上げて戻り値を計算できる関数が用意されています。これらの関数は、その仕組み上、関数式が非常に長くなるため、改行の仕組みを利用して整理しながら作成するのがお勧めです。

数式チェックは F2 → Esc →矢印キーのループで

　セル参照を使った関数式の入力されているセルは、 F2 を押してセル内編集モードに入ると、参照しているセルに「枠」が表示されます。関数式のチェックを行う際は、この「枠」に注目すると、素早く「参照のズレがないか」を確認できます。

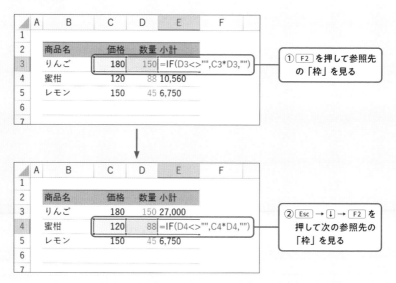

　方法は簡単で、一連の関数式が入力されているセルの先頭で F2 を押し、「枠の位置」を目視してズレがないかを確認します。続いて Esc を押してセル内編集モードを抜け、矢印キーで次のセルへ移動し、再び F2 キーを押します。すると、次のセルの関数式のセル参照の「枠」が表示されます。この位置が、直前のセルとズレていたら、そのセルの関数式はどこかおかしい可能性が高いというわけです。

　セル参照のズレはブックを使いこんで行くと起きやすいトラブルです。何か変更を行ったら、 F2 → Esc →矢印キーをリズムよく押しながら点検していくクセをつけましょう。

第 **3** 章

集計と傾向分析
のための関数

業務で他人が作った Excel で集計・分析
することが多いのですが、いまいち自分
の理解が浅いんです……。

よく使う集計や分析に役立つ関数を見て
いきましょう。計算方法に加え、集計し
たい範囲の指定方法がポイントですよ。

Lesson 15 基本のキ。集計を行う SUM関数をおさらい

365・2021・
2019・2016・
2013対応

いよいよ実際に関数を使っていくんですね。最初はどの関数から行くんですか?

SUM関数からおさらいしていきましょう。シンプルな分、いろいろなスタイルを試せる関数なんですよ。

■ 引数に指定した値や範囲の合計を求める `Sample 15_SUM関数.xlsx`

作成した一覧表のうち、任意のセル範囲の値を合計したり、飛び飛びの位置のセルの値を合計するには、**SUM関数**を利用します。

	A	B	C	D	E	F
1						
2		支店別販売数推移 単位：個				
3				4月	5月	6月
4		支店A	小計：	83,400	115,200	89,200
5			商品A	28,000	31,500	39,100
6			商品B	30,600	41,700	23,400
7			商品C	24,800	42,000	26,700
8		支店B	小計：	87,400	79,200	81,900
9			商品A	31,500	32,100	36,800
10			商品B	13,200	31,600	28,800
11			商品C	42,700	15,500	16,300
12			総計：	170,800	194,400	171,100
13						

特定のセル範囲に
入力されている値
を合計する

● SUM 関数の引数

- 数値1……………**合計したいセル範囲や値**
- ［数値2...］……**数値1の他の合計したいセル範囲や値**

● 引数にはセル範囲をまとめて指定可能

SUM関数は、引数にセル範囲を指定すると、セル範囲内のセルに入力されている値を全て合計し、戻り値として返します。セル範囲の指定方法は、

＝SUM（起点セル：終端セル）

の形です。起点セルと終端セルの間のセル範囲が計算対象となります。

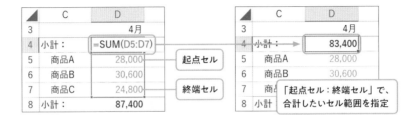

● 個別のセルを複数指定することも可能

SUM関数は、2つ目以降の引数に、合計したいセルやセル範囲を続けて指定することも可能です。

次図では、セルD4とセルD8の2つのセルをそれぞれ、別の引数として指定し、合計を算出しています。

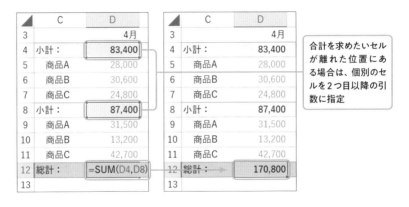

離れた位置のセルの合計を求めたい場合に便利ですね。引数は最大255個まで指定可能です。

離れた位置の引数をマウスで選択したい場合には、**Ctrl** を押しながらセルをひとつひとつクリックしていくと、自動的に選択セルが引数として追加されていきます。

> **Tips** 「＋」で足していくのはダメなの？
>
> 「SUM関数って結局足し算ですよね？ "=D4+D8"と入力するんじゃダメなの？」と聞かれることがあります。その答えは「ダメではないけど、『SUM』があった方が『ここは合計を求めたいんだな』と意図が伝わりやすいです」です。関数名は後から見た時に、「どういう意図で何を計算するつもりなのか」まで伝えられる仕組みというわけですね。

16

参照を工夫して累計を計算

365・2021・2019・2016・2013対応

 SUM関数はわかりました！ 早く次の関数を教えて下さい！

 少し待って下さい。せっかくなので、SUM関数を使っていろいろな引数の指定方法を見ておきましょう。

■ いろいろな形で引数を指定して集計　Sample 16_参照方法.xlsx

　SUM関数はシンプルな関数なので、いろいろな形の引数の指定方法を試して結果を確認する「素振り用」の関数としても優秀です。本レッスンでは、いくつかの参照方法をご紹介します。しっくりくるスタイルがあれば、他の関数で引数を指定する際にも応用して下さい。

● 片方だけ絶対参照で固定して累計を集計

　並んだデータの累計を求めたい場合は、「**起点セルのみを絶対参照にしたセル範囲の参照**」スタイルが便利です。

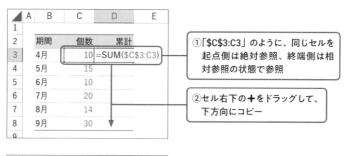

①「\$C\$3:C3」のように、同じセルを起点側は絶対参照、終端側は相対参照の状態で参照

②セル右下の＋をドラッグして、下方向にコピー

③下方向にコピーすると、起点セル側は固定され、終端セルは「同じ行の1つ左のセル」となる。結果として「起点セルと左のセルの間の合計」、つまり、起点セルからの累計が計算できる

● 構造化参照で集計

　テーブル機能を利用している場合、**テーブル内の数式で［@列名］と記述すると、同じ行の、列名のセルが参照されます。**

　列名をそのまま数式内で利用できるため、式の内容がわかりやすくなりますね。このとき、隣りあった列の値を利用する場合でも、範囲指定せずに、個別のセルを別の引数に指定すると、より式が見やすくなります。

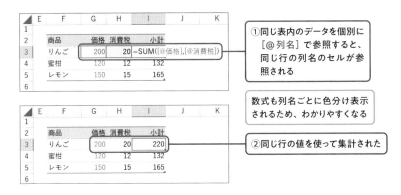

①同じ表内のデータを個別に［@列名］で参照すると、同じ行の列名のセルが参照される

数式も列名ごとに色分け表示されるため、わかりやすくなる

②同じ行の値を使って集計された

● ダイレクトに値や配列を記述して集計

　引数にはセル参照だけでなく、**値や配列を引数に指定することも可能です。**また、Excelには数値やセルに「名前」を付けて利用できる機能がありますが（P.144）、この**「名前」も引数に指定できます。**

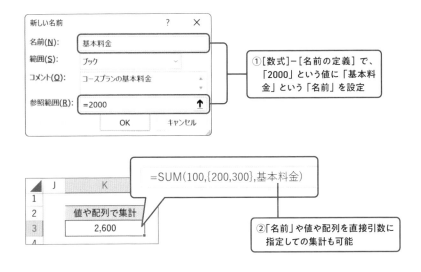

①［数式］－［名前の定義］で、「2000」という値に「基本料金」という「名前」を設定

②「名前」や値や配列を直接引数に指定しての集計も可能

Lesson 17

365・2021・2019・2016・2013対応

特定条件のデータだけを集計する

じゃあ、いろいろなデータの中から、特定の種類のデータの合計を出したい場合はどうすればいいの？

SUMIF関数を利用すると、指定した名前や種類のデータのみを対象に合計を求められますよ。

「○○なデータ」のみの合計を求める

Sample 17_SUMIF関数

「特定の商品の合計を求めたい」「特定の取引先の合計を求めたい」という、**特定条件を満たす合計**を求めたい場合には、**SUMIF関数**が利用できます。

	A	B	C	D	E	F
1						
2		販売数一覧　単位：個			集計　単位：個	
3		商品	販売数		ショートケーキ	4,600
4		ショートケーキ	1,400		チーズケーキ	4,300
5		お団子	1,500		末尾が「ケーキ」	8,900
6		お団子	1,300			
7		チーズケーキ	2,400			
8		ショートケーキ	3,200			
9		チーズケーキ	1900			
10		お団子	950			
11						

一覧表の中から特定条件のデータのみを合計

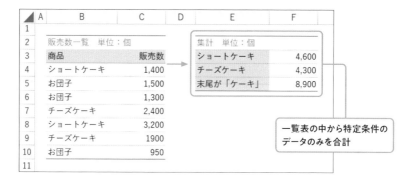

SUMIF関数の引数

- 範囲……………**判定を行うセル範囲**
- 検索条件………**条件となる値や式**
- [合計範囲]……**合計対象の値のセル範囲。省略時は範囲が対象**

指定範囲を条件判定して合計

範囲と検索条件で、判定を行いたいセル範囲と、そのセル範囲の値に関して合計対象かどうかの判定を行う条件式を指定します。そして、条件を満たしたデータの合計範囲の値のみを対象に合計を行います。

次図では、セル範囲B4:B10を対象に、値が『ショートケーキ』かどうかを判定し、セル範囲C4:C10の値の合計を求めています。

ポイントは、まず列単位で考えを整理し、「判定に使う列」「集計に使う列」の2つの列を決める点です。2つの列が決まったら、それぞれを範囲と合計範囲に指定しましょう。判定の列と集計の列が同じ場合は、合計範囲を省略すると、範囲に指定した列を集計にも利用してくれます。

● 検索条件となる式は不等号やワイルドカードも利用可能

検索条件には判定方法を指定しますが、この判定方法は**不等号**や「**＊(ワイルドカード)**」を利用しての指定も可能です。

● **検索条件の指定例**

例	意　味	考え方
"商品A"	値が「商品A」のデータ	値が○○
">=1000"	値が「1000以上」のデータ	○○以上／以下の値
"＊ケーキ＊" "＊ケーキ"	「ケーキ」を含むデータ 「ケーキ」で終わるデータ	○○を含む ○○で始まる／終わる

「＊」は文字列と組み合わせて利用し、「この位置には、どんな文字が何文字入ってもOK」という意味を表します。次図では検索条件を「"＊ケーキ"」とし、末尾が「ケーキ」で終わるデータのみの合計を求めています。

Lesson 18 「本店の商品A」や「4月中」のデータを集計

365・2021・2019・2016・2013対応

1つの条件だけではなく、複数条件を指定して合計したい場合はどうすればいいでしょう？

SUMIFS関数を利用すると複数条件を指定して、その全てを満たすデータだけを合計できます。

■ 複数の条件を全て満たすデータのみ集計

Sample 18_SUMIFS関数.xlsx

「本店での商品Aの売り上げを求めたい」「4月10日〜20日の期間の売り上げを求めたい」というような、2つ以上の条件を満たす合計を求めたい場合には、**SUMIFS関数**が利用できます。

	A	B	C	D	E	F	G	H
1								
2		販売額履歴	単位：円				集計 単位：円	
3		販売日	店舗	商品	販売額		本店の羊羹	93,500
4		4月4日	本店	羊羹	24,800		4月中	170,800
5		4月10日	掛川支店	たいやき	31,500		羊羹とたいやき	367,000
6		4月12日	掛川支店	わらび餅	13,200		休日	116,900
7		4月18日	本店	たいやき	28,000			
8		4月18日	掛川支店	羊羹	42,700			
9		4月29日	本店	わらび餅	30,600			
10		5月4日	掛川支店	たいやき	32,100			

複数の条件を満たすデータのみを集計したい場合はSUMIFS関数が便利

● SUMIFS関数の引数

- 合計対象範囲.....................合計対象のセル範囲
- 条件範囲1.........................判定を行うセル範囲。1つ目
- 条件1.............................条件となる値や式。1つ目
- ［条件範囲2, 条件2...］.....2つ目以降の判定セル範囲と条件式

● まず計算したい範囲を指定し、その後に条件をセットで列記

引数は、まず、合計対象範囲を指定し、その後、**条件範囲と条件をひと組のセット**で考えて列記していきます。

60

つまり、最初に合計したい数値の列を指定したら、その後は2つの引数を1セットとして考え、条件の数だけ付け加えていきます。

=SUMIFS（合計対象範囲，条件範囲1，条件1，条件範囲2，条件2）

| 合計したい数値のセル範囲 | 1つ目のセット | 2つ目のセット |

「合計対象範囲・セット1つ目・セット2つ目……」です。合計の対象となるのは、全てのセットの条件を満たすデータとなります。

● ○○もしくは××という条件「ではない」点に注意

SUMIFS関数は、指定した条件を「全て」満たすデータを合計します。「いずれか」ではない点に注意しましょう。「商品が『羊羹』もしくは、商品が『たいやき』」というような条件は指定できません。

「羊羹とたいやきの合計」を求めたい場合は、羊羹用のSUMIFS関数と、たいやき用の**SUMIFS関数**の2つの式を別途作成し、戻り値を合計したり、条件判定用の作業列を別途用意したりする等の方法で求めましょう。

> **Tips** 全てSUMIFSで行うというスタイル
>
> **SUMIF関数**と**SUMIFS関数**はよく似ていますが、引数の順番が微妙に違います。使い分けようとすると混乱するため、条件式が1セットのみでも**SUMIFS関数**を使ってしまうというスタイルもお勧めです。これなら混乱しませんね。

値が入力されているセルだけを使って平均を出す

365・2021・
2019・2016・
2013対応

 チーム内の修繕箇所数の平均値を求めたいんだけど、報告がまちまちで計算がややこしくなるんです。

 AVERAGE関数とAVERAGEA関数を使い分けると、状況に応じた計算をしてくれますよ。

■ 平均値の計算に何を含めるのか　Sample 19_AVERAGE系関数.xlsx

　データの傾向を知るためによく利用する指標が平均値です。Excelで平均を求めると言えば**AVERAGE関数**、さらに、**AVERAGEA関数**も用意されています。2つの関数の使いどころを整理しておきましょう。

数値のみを対象にした平均と、文字列なども対象にした平均を計算

● AVERAGE関数の引数

- 数値1…………平均を求めたいセル範囲や数値
- ［数値2…］……追加のセル範囲や数値

● AVERAGEA関数の引数

- 値1……………平均を求めたいセル範囲や値
- ［値2…］………追加のセル範囲や値

　2つの関数の引数は、ほぼ同じです。平均を出したいデータの入力されているセル範囲を1つだけ指定する使い方が多くなるでしょう。

● AVERAGE関数は「数値のみの平均」

AVERAGE関数は引数に指定したセル範囲のうち、**数値のみを対象に平均を算出**します。このとき、**文字列や空白セルは無視**されます。

きちんと数値で入力されているデータの平均を求めるわけですね。データの中に「未報告」「測定不能」などの状況を説明する文字列が混在している際、それは除外して計算したいケースに向いています。

● AVERAGEA関数は「文字列はゼロとみなした平均」

AVERAGEA関数は引数に指定したセル範囲のうち、**文字列を「0」とみなした平均**を算出します。このとき、**空白セルは無視**されます。

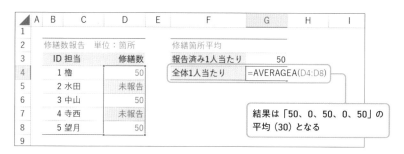

「計算対象データはまだ計測中」「トラブルが起きて測定不能」等、なんらかの状況を説明する文字列を入力してある際でも、それはそれとしてチーム全体としての平均を計算したいようなケースに向いています。

2つの「平均」の仕組みを用途に応じて使い分けていきましょう。

> **Tips** 空白セルも平均の計算に利用するには
>
> 空白セルがある場合でも平均値の計算に「0」が入力されているものとして利用したい場合にはひと手間かけ、「=SUM(D4:D8)/ROWS(D4:D8)」のように、合計を求める**SUM関数**と行数を求める**ROWS関数**を組み合わせましょう。

最大値と最小値から データを確認・把握する

Lesson **20**

365・2021・2019・2016・2013対応

レポートを作ることになったんですけど、ちゃんとしたデータなのかどうかをチェックしたいです。

まずは最大値と最小値をチェックすると、明らかにおかしなデータがあるかどうかを確認できますよ。

■「いつもと違う」データの有無を すばやく確認　Sample 20_MAX関数とMIN関数.xlsx

　集計・分析を行うデータは、いつも正しく入力されているとは限りません。入力ミス、意図していないデータの混入があった場合、間違ったデータを前提に分析を行うと、間違った判断を招く原因となります。

　これは非常に危険ですね。そこで、**MAX関数**や**MIN関数**を利用して簡易的なチェックを行ってみましょう。

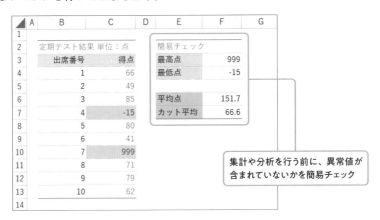

集計や分析を行う前に、異常値が含まれていないかを簡易チェック

● MAX関数・MIN関数の引数

- 数値1············最大値／最小値を求めたいセル範囲や数値
- [数値2...]······追加のセル範囲や数値

　MAX関数は引数に指定したセル範囲の最大値を返し、**MIN関数**は同じく最小値を返します。引数の指定方法は同じです。

64

●「いつもの範囲」に収まっているかをチェック

方法は至ってシンプルで、**チェックしたいデータが入力されているセル範囲を引数に指定し、最大値と最小値を求めるだけ**です。

結果に「ありえない値」「普段見ない値」があれば、その値の入力箇所を検索機能などで確認し、チェックしましょう。**正しければ採用、正しくなければ確認・修正／除外**します。適当なセルにサクッと **MAX関数**と**MIN関数**を入力して、列全体をチェックするだけでOKです。

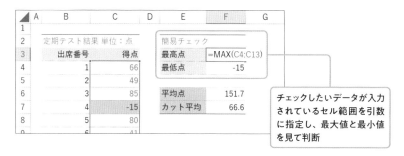

チェックしたいデータが入力されているセル範囲を引数に指定し、最大値と最小値を見て判断

極端な値が混在していないかをチェック

もう1つ手軽な方法は、**AVERAGE関数**の結果と、**TRIMMEAN関数**の結果の比較です。**TRIMMEAN関数**は、極端な値を除いた平均値を返します。

● TRIMMEAN関数の引数

　　配列 …… 平均値を求めたいセル範囲

　　割合 …… 配列のうち除外する値の割合。「0.2」で「上下10%カット」

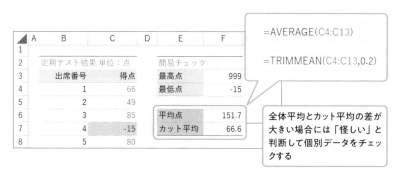

=AVERAGE(C4:C13)

=TRIMMEAN(C4:C13,0.2)

全体平均とカット平均の差が大きい場合には「怪しい」と判断して個別データをチェックする

全体の平均値と、極端な値を除いた平均値に大きな差がある場合は、「極端な値がデータ内にある」わけですね。いわゆる**異常値**です。こちらも「怪しい」と思ったら**並べ替え**や**グラフ作成**等の手段で確認していきましょう。

Lesson 21 データ全体の傾向を チェックする

集めたアンケート結果の大まかな傾向を掴んでからレ
ポートを作成したいのですが……。

最頻値や中央値、それに標準偏差をチェックすると傾向や散
らばり具合が把握できますよ。

■ データの分布から状態や傾向を掴む　`Sample 21_MODE関数.xlsx`

集めたデータの分布や傾向を確認したい時に便利なのが、**最頻値**（最も出て
くる値）、**中央値**（順に並べた時に中央に来る値）、**標準偏差**（散らばり具合を表した
値）の3つの指標です。これらの指標値はそれぞれ、**MODE.SNGL 関数**、
MEDIAN 関数、**STDEV.P 関数**で求められます。

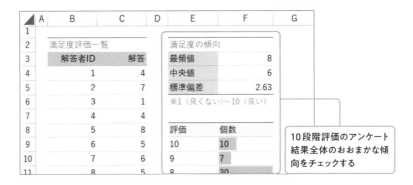

10段階評価のアンケート
結果全体のおおまかな傾
向をチェックする

● MODE.SNGL ／ MEDIAN ／ STDEV.P 関数の引数

- ■ 数値1…………計算対象のセル範囲や数値
- ■［数値2…］……追加のセル範囲や数値

3つの関数の引数は、全て同じです。計算対象のデータのあるセル範囲を
指定するだけというわけですね。

MODE.SNGL や STDEV.P には、計算方法が多少異なる
関数がいくつか用意されています。

● 一番多く選ばれた項目はどれか

　MODE.SNGL関数でわかる**最頻値**からは、「アンケートでどの選択肢が一番多く選ばれたか」「一番多い購入金額はいくらか」「今流行りの商品は何か」といった「**最も多く出てきたデータはどれなのか**」が分かります。

● 全体としてバラけているかまとまっているか

　MEDIAN関数、**STDEV.P関数**でわかる**中央値**と**標準偏差**からは、「**全体としての散らばり具合**」が分かります。標準偏差が0に近いほど、選択がバラけていないということです。分布や偏りが分かるわけですね。

　商品アンケートを例にとると、分布や偏りから「中央値が高評価よりで標準偏差が小さいから、安定して高評価されているんだな」とか、「標準偏差が大きいから、賛否が2極に割れているんだな」等の傾向が掴めます。

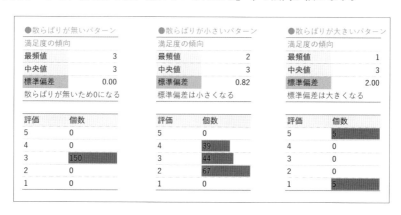

　大まかな傾向を掴み、さらに個別のデータをチェックしていきましょう。

22

アンケートの総数や
有効回答数を数える

365・2021・
2019・2016・
2013対応

アンケートを実施したんだけど、ちゃんと入力されているかをチェックするのが大変です。

COUNT系の、数を数える関数を利用して比較すると、入力チェックにも使えますよ。

■ 異なるルールで数を数えて比較する　Sample 22_COUNT系関数.xlsx

COUNT関数、COUNTA関数、COUNTBLANK関数は、全て引数に指定したセルの「数を数える」関数ですが、そのルールが異なります。同じセル範囲をそれぞれの関数で数えて比較することで、そのセル範囲のデータがどのような状態なのかが把握できます。

> アンケートがきちんと入力されているかをチェックする

	A	B	C	D	E	F	G		H		J	K
1												
2		アンケート一覧										
3		氏名	設問1	設問2	設問3	設問4	設問3		回答数	有効回答	未回答	判定
4		檜	5	不明	2		不明		4	2	1	未回答アリ
5		水田	1	1	4	4	1		5	5	0	OK
6		中山	1	2		3	1		5	4	1	数値でない回答アリ
7		寺西							0	0	5	未回答アリ
8		望月	1	1か2	3	5	4		5	4	0	数値でない回答アリ
9												

● COUNT関数・COUNTA関数の引数

- 値1‥‥‥‥‥**数をカウントしたいセル範囲**
- [値2…]‥‥‥‥追加のセル範囲

● COUNTBLANK関数の引数

- 範囲‥‥‥‥‥**数をカウントしたいセル範囲**

引数の指定方法は3つの関数ともほぼ一緒です。1つ目の引数に、数をカウントしたいセル範囲を指定する形となります。

● 3つの関数のカウントルールの違い

● 3つの関数のルール

COUNTA関数	何か入力されているセルをカウント
COUNT関数	数値が入力されているセルのみカウント
COUNTBLANK関数	空白セル（見かけ上空白なセルを含む）をカウント

　最もカウント対象が広いのが**COUNTA関数**です。セルに何か入力されていればカウント対象に含めます。対して、**COUNT関数**は数値の入力されているセルのみをカウントします。この2つの関数の結果を比較すれば、「数値のみが入力されているかどうか」が判定できます。**差があれば「数値以外の何かが入力されているセルがある」**というわけですね。

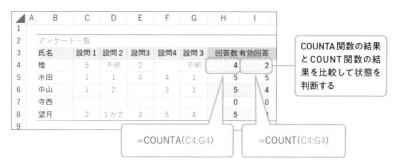

COUNTA関数の結果とCOUNT関数の結果を比較して状態を判断する

　COUNTBLANK関数は単純に空白セルの数をカウントします。こちらは指定セル範囲に全て値が入力されているかのチェックに利用できます。**結果が0であれば、そのセル範囲は全て値が入力されている**というわけですね。

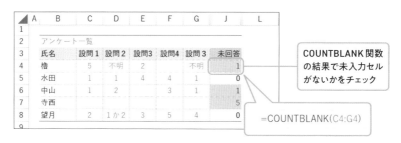

COUNTBLANK関数の結果で未入力セルがないかをチェック

> **Tips** COUNTA関数は「見かけ上空白なセル」に注意
>
> **COUNTA関数**は、上図のセルE6のように「=""」と、「見かけ上空白なセル」も、カウント対象に含めます。見かけ上空白なセルを含めたくない場合は、「COUNTA（セル範囲）−COUNTBLANK（セル範囲）」と、組み合わせてカウントしましょう。

特定の値の データ個数を数える

365・2021・
2019・2016・
2013対応

 ある条件のデータが何件あるのかをチェックしたいんですけど、どうすればいいんでしょう？

COUNTIF関数やCOUNTIFS関数ですね。条件付き集計は〇〇IFという関数を探してみましょう。

■ 条件を指定して件数をカウント

Sample 23_COUNTIF関数.xlsx

特定の条件を満たすデータの件数をカウントするには、**COUNTIF関数**や**COUNTIFS関数**を利用します。

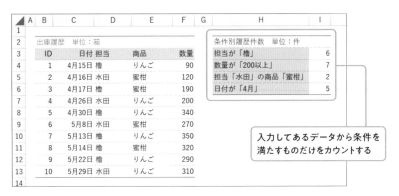

入力してあるデータから条件を満たすものだけをカウントする

● COUNTIF 関数の引数

- 範囲 ……………………… **カウント対象のセル範囲**
- 検索条件 ………………… **条件となる値や式**

● COUNTIFS 関数の引数

- 検索条件範囲1 ………… **カウント対象のセル範囲**
- 検索条件1 ……………… **判定を行うセル範囲。1つ目**
- [検索条件範囲2...] …… **2つ目以降のカウント対象のセル範囲**
- [検索条件2...] ………… **2つ目以降の判定セル範囲と条件式**

条件が1つの場合は**COUNT関数**、2つ以上の場合は**COUNTIFS関数**です。

■ 条件付き集計は〇〇IFや〇〇IFSと覚える

COUNTIF関数とCOUNTIFS関数は、カウントしたい範囲と、条件式を1セットにして引数に指定します。集計を行う系の関数は「**基本の関数名＋IF**」「**基本の関数名＋IFS**」の関数名で、条件付きで集計を行う関数が用意されていることが多いです。関数を探す際の手がかりとしましょう。

● 検索条件範囲と条件式をセットで指定

次図では、**COUNTIF関数**を使い、D列を対象に、値が「檜（ひのき）」のセルの個数をカウントします。セル範囲と条件式をセットで指定していますね。

次図では、**COUNTIFS関数**を使い、2つの条件でカウントを行います。1つ目は「D列を対象に、値が『水田』」、2つ目は「E列を対象に値が『蜜柑』」です。範囲と条件式のセットを2つ、つまり4つの引数で指定しています。

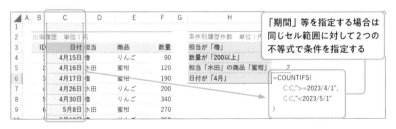

「特定範囲の値・期間のデータを対象にしたい」場合には、同じ範囲に対し、異なる条件を指定します。この際、範囲は**同じ範囲であってもセットごとに指定し直します**。次図ではC列に対して「4月1日以降」「5月1日より前」の2つの条件を指定し、「期間が4月中の件数」をカウントしています。

トップ3や
ワースト3を調べる

365・2021・
2019・2016・
2013対応

 **とりあえずデータを集めてみたんだけど、いったいど
のデータに注目すればいいのかな?**

 まずは「端」を見てみましょう。トップやワーストのデータは、
その位置にきた理由があるものです。

■ 集めてきたデータの「端」のデータの 値を確認

`Sample 24_LARGE関数.xlsx`

LARGE関数と**SMALL関数**は、それぞれ指定セル範囲内の上位・下位の値
を抜き出します。いわゆるトップ3やワースト3の値が、対象データの並び
順を問わずに抜き出せます。

トップ3の値3つと、ブービー(下から2番目)
の値をピックアップしたところ

● LARGE関数・SMALL関数の引数

■ 配列 …… 順位を求めたいセル範囲や配列

■ 順位 …… 求めたい上位／下位の順位値

2つの関数は共に順位を求めたいセル範囲を配列に指定し、さらに順位を
指定します。**LARGE関数**では順位に「1」を指定すれば1番大きい値を返し、
SMALL関数では順位に「1」を指定すれば1番小さい値を返します。

■ 順番に並べて上位／下位のデータの値をピックアップ

LARGE関数やSMALL関数で取り出せる上位／下位の値というのは、その
データ群の中の「端」のデータです。数あるデータの中、トップやワースト
といった「端」や「境界」にあるデータは、「なぜ、この位置にいるのか」
の理由を考えることで、**なにかしらのヒントや気づきを得やすいデータでも**
あります。シンプルに上位／下位のデータを知るだけでなく、分析方針を決
めるとっかかりのデータを探す指標としても利用できますね。

● 重複した値がある場合の挙動には注意

LARGE関数とSMALL関数は、順位に指定した順位値の上位／下位の値を
返しますが、この「順位」は重複した値を除外しません。上から順に「250、
240、240、220…」という値が対象の場合、**LARGE関数**で得られる1位は
「250」、2位は「240」、3位も「240」、そして4位が「220」となります。

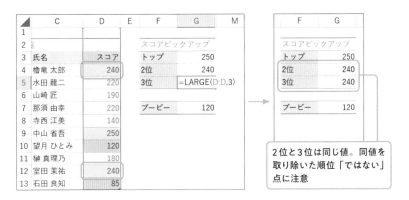

同値を取り除いた順位の値が欲しい場合には、ひと手間かけ、**重複の削除**
機能で重複を取り除いたデータを元にしたり、バージョンが限定されますが
UNIQUE関数（P.158）で重複を取り除いたリストを元にしてみましょう。

Lesson 25

数値を四捨五入する

365・2021・
2019・2016・
2013対応

データをキリのよいところで丸めたいんですけど、四捨五入とかの計算はどうすればいいのかな？

丸め計算はROUND系の関数でできますよ。丸める位置も指定できます。

■ 集めてきたデータの「端」のデータ の値を確認 `Sample 25_ROUND系関数.xlsx`

　ROUND関数、ROUNDUP関数、ROUNDDOWN関数は、それぞれ四捨五入・切り上げ・切り捨てした（丸めた）結果を返します。また、TRUNK関数も切り捨ての結果を返します。

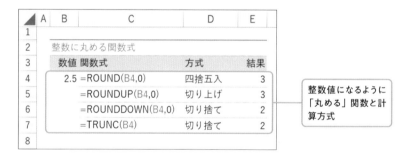

整数値になるように「丸める」関数と計算方式

● ROUND 関数・ROUNDUP 関数・ROUNDDOWN 関数の引数

- 数値 ……… **対象の数値**
- 桁数 ……… **丸めを行う位置**

● TRUNK 関数の引数

- 数値 ……… **対象の数値**
- [桁数] …… **丸めを行う位置。規定値は [0] 桁目**

　4つの関数は共に、数値と桁数を指定します。**TRUNK関数**のみは桁数の省略が可能で、省略時は「0桁目」で計算を行います。

● 桁数の指定方法

　桁数を指定する際は、1の位の桁を「0」桁目と考え、**小数方向は正の値で、整数方向は負の値**で位置を指定します。

「桁数」という言葉だと少し混乱するかもしれませんね。要は丸めたい「位置」です。「この位置で丸めて欲しい」という位置を対応する数値で指定していきましょう。

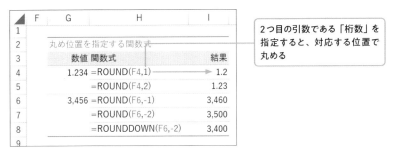

　整数値ベースで金額の計算を行いたい場面や、計測値を有効桁数に収める場面等、丸めの計算が必要な場面で利用していきましょう。

● 四捨五入以外の丸め方式は自作していきましょう

　四捨五入・切り捨て・切り上げ以外の丸めを行う関数には、「**直近偶数切り上げ**」を行う **EVEN関数**、「**直近奇数切り上げ**」を行う **ODD関数**、さらに **CEILING.MATH関数**（P.80）等があります。また、いわゆる「銀行丸め」「JIS丸め」と呼ばれる「**直近偶数丸め**」に対応する関数はありません。こちらは自作していきましょう。

10歳刻みや1000円刻み でデータをチェック

365・2021・
2019・2016・
2013対応

10歳単位や1000円単位みたいに、グループ単位でデータを調べたいのですがうまくいきません……。

一気に計算するのではなく集計用の作業列を用意するか、FREQUENCY関数がお手軽ですよ。

■ グループ単位で集計を行う

Sample 26_FREQUENCY関数.xlsx

　数の多いデータを分析する際には、10歳刻みや1000円単位等、ある程度の範囲を区切ってグループで考え、グループごとに集計を行うことも多いでしょう。その場合の計算方法を考えてみましょう。

	年代	人数
	20 〜 29	91
	30 〜 39	76
	40 〜 49	93
	50 〜 59	76
	60 〜 69	71
	70 〜 79	79
	80 〜	14
	計	500

入会者履歴

ID	氏名	年齢	入会日
1	芦田 真人	36	7月26日
2	安井 肇	28	9月23日
3	安田 徹	28	5月26日
4	安田 美樹	59	12月24日
5	安藤 裕子	71	4月27日
6	安部 直之	69	10月25日
7	伊達 啓一	51	5月24日
8	伊東 貴洋	26	3月25日
9	伊藤 健二	70	8月27日

年代別集計　単位：人

10歳ごとにグループを区切って人数の集計を行った

● そのまま計算するのか、グループ用の列を追加するのか

　この手のグループ化を伴う集計を関数で処理する場合、大きく分けて2つの考え方があります。1つは、グループ化を行う基準となる値を算出する**作業列を追加する考え方**、もう1つは関数を組み合わせる等の方法で、**作業列なしで算出する考え方**です。

　お勧めは断然作業列のスタイルですが、なんらかの事情で元データやレイアウトを一切変更できないといった場合、作業列なしのスタイルでなんとかすることになります。

■ 作 業 列 を 作 成 し て 集 計

まずは作業列を作成する方法を見ていきましょう。作業列とはその名の通り、**作業用の値を入力するための列**です。既存の表に行や列を挿入するには、挿入したい位置の行/列を選択し、[ホーム]-[挿入]です。

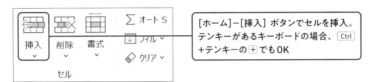

[ホーム]-[挿入] ボタンでセルを挿入。テンキーがあるキーボードの場合、[Ctrl]+テンキーの[+]でもOK

行や列全体を挿入したい場合は、シートの行/列ラベルをクリックし、行/列全体を選択してから挿入するのがお手軽です。

● グループの目印となる値の列を用意して集計

作業列に**グループ化の目印となる値**を入力していきます。次図では、年齢を入力してあるD列の隣のE列に、D列の年齢を元に「20」「30」等、**10歳刻みの年代となる値**を算出する関数式を入力しています。

このE列の値を元に**COUNTIF関数**で集計を行えば、**年代ごとのデータ数**が集計できます。

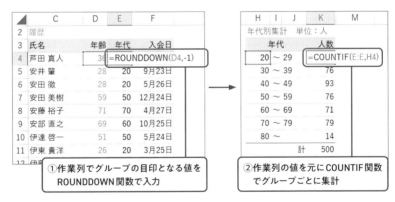

①作業列でグループの目印となる値を
ROUNDDOWN関数で入力

②作業列の値を元にCOUNTIF関数
でグループごとに集計

作業列の値を作成する際には、各種の判定式や**IF関数**（P.194）を組み合わせるのが便利です。

Tips 月ごとのグループ化などはピボットテーブルも

月ごとにグループ化して集計したい、という場合には関数で求めるのではなく、**ピボットテーブル機能**を利用するのもお勧めです。日付値を持つ列を対象に集計を行うと、自動的に月ごとの集計を行うフィールドを用意してくれます。

● 作業列を見せたくない場合の手段

　作業列を見せたくない、という場合には行や列の**非表示**機能や、**グループ化**機能で隠せます。お勧めはグループ化機能です。ボタンで列の表示／非表示を切り替えられるようになります。

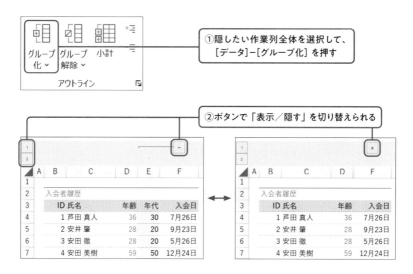

　少々場所をとるのでノートPCやタブレットでは厳しいのですが、「全体のデータを読み取るときは隠し、作業セルの計算方法を確認したい時には表示」というスタイルで作業を進められるようになります。

■ FREQUENCY関数で度数分布表を作成する

　年代別等の「**度数**」ごとのデータの個数の分布を確認したい場合は、FREQUENCY関数を利用する方法もあります。

● FREQUENCY関数の引数

- データ配列……**集計対象のデータ範囲**
- 区間配列………**度数（グループ分けルール）の入力されている範囲**

　FREQUENCY関数ではデータ配列に集計したいデータの入力されているセル範囲を指定し、区間配列にグループ分けのルールとなる値がタテ方向に入力されているセル範囲を指定します。少し使い方にクセがある関数です。

具体例を見てみましょう。下図では、D列のデータを、セル範囲J4:J9の
ルールでグループ分けした結果の配列を返します。

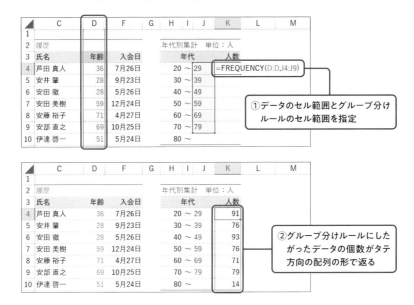

①データのセル範囲とグループ分け
ルールのセル範囲を指定

②グループ分けルールにした
がったデータの個数がタテ
方向の配列の形で返る

　各区切りは数値で指定し、「前の値からこの値までの区間」という意味に
なります。先頭が「29」なら「0〜29の区間」、次が「39」なら「30〜39の区
間」です。戻り値は各値に対応した区間のデータ数にプラスしてもう1つ「最
後の値より上のデータ数」を含んで返されます。

Tips　Excel 2019以前は「CSE数式」で

　FREQUENCY関数は配列で結果を返すため、Excel 2019以前では入力にひと工夫
が必要です。区間配列より1つ大きいセル範囲を選択して関数式を入力し、[Ctrl]
+ [Shift] + [Enter] で、**配列数式として入力**を行います。

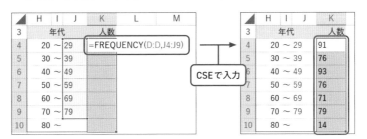

CSEで入力

　押すキーの先頭文字を冠して「**CSE数式**」と呼ばれる方式ですね。チャレンジし
てみたい方は「CSE数式」「配列数式」等で検索してみて下さい。

データを6個単位や1ダース単位で考える

365・2021・2019・2016・2013対応

 四捨五入の様な単位じゃなくて、1ダースずつとか6個ずつとかの単位で計算したいんです。

 CEILING関数で基準単位に切り上げられますよ。MOD関数で剰余を使えば切り下げもできます。

■ 1パック6個単位でデータを把握したい　Sample 27_CEILING関数.xlsx

　1パック6個の最小単位で考えたり、1ダース単位で輸送スペースを確保・手配する場合、データを6個単位や12個単位に揃えた上で把握したいでしょう。また、そもそもの基準となる単位を検討することもあります。そんな場合に便利なのが、**CEILING.MATH関数**と**FLOOR.MATH関数**、それに**MOD関数**です。

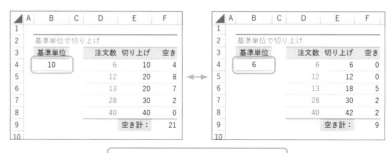

注文を「10」「6」で切り上げた結果を比較

● CEILING.MATH関数・FLOOR.MATH関数の引数

- 数値 …………切り上げ／切り下げ対象の数値
- [基準値]……切り上げ／切り下げの基準値。規定値[1]（整数）
- [モード]……負の数値の計算方法。規定値[0]（0に近い方の整数）

● MOD関数の引数

- 数値 …………計算対象の数値
- 除数 …………計算対象を除算する除数

● CEILING.MATH 関数で切り上げ

CEILING.MATH 関数は、数値を基準値を元に**切り上げた値**を返します。基準値が「6」であれば「6個を基本単位で考える」計算方法です。

計算の元の値との比較で「**基準値まであといくつなのか**」を把握できます。

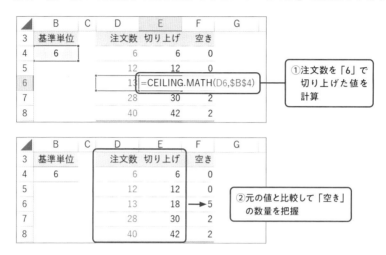

同じく、**FLOOR.MATH 関数**では数値を基準値を元に**切り下げた値**を返します。

● MOD 関数で余りを求める

MOD 関数は、数値を除数で割った**剰余**、つまり、割り算の余りを返します。特定の単位で計算を行った時に出る端数がいくつなのかが簡単に計算できますね。

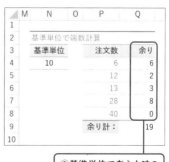

Lesson 28 フィルターされた データのみを対象に集計

365・2021・
2019・2016・
2013対応

 フィルター機能でいろいろなパターンで抽出したデータだけを使って集計をしたいんです。

AGGREGATE関数がお勧めです。非表示セルやエラー値などをどう扱うかを細かに指定できます。

■ フィルターの結果のみを対象に 集計したい

Sample 28_AGGREGATE関数.xlsx

SUM関数をはじめとした集計系の関数は、集計対象としてセル範囲内に非表示セルがあっても計算対象に含めます。また、エラー値があった場合は集計系の関数の結果もエラーとなります。このルールを変更して集計したい場合には、AGGREGATE関数を利用します。

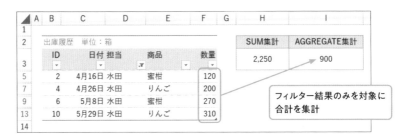

● AGGREGATE関数の引数

- 集計方法‥‥‥‥‥ 集計の種類を19種から指定
- オプション‥‥‥‥ 集計ルールを8種から指定
- 配列‥‥‥‥‥‥‥‥ 集計対象のセル範囲

● オプションの集計ルール（抜粋）

- 5‥‥‥‥非表示行を無視
- 6‥‥‥‥エラー値を無視
- 7‥‥‥‥非表示行とエラー値を無視

● 集計方法と対応する関数

値	計算方法	対応する関数
1	平均	AVERAGE(P.82)
2	数値の個数	COUNT(P.68)
3	入力セル数	COUNTA(P.68)
4	最大値	MAX(P.64)
5	最小値	MIN(P.64)
6	積	PRODUCT
7	不変標準偏差	STDEV.S
8	標本標準偏差	STDEV.P(P.66)
9	合計	SUM
10	不変分散	VAR.S
11	標本分散	VAR.P
12	中央値	MEDIAN(P.66)
13	最頻値	MODE.SNGL(P.66)
14	上位の順位値	LARGE(P.72)
15	下位の順位値	SMALL(P.72)
16	百分位数	PERCENTILE.INC
17	四分位数	QUARTILE.INC
18	百分位数	PERCENTILE.EXC
19	四分位数	QUARTILE.EXC

● エラーを無視してフィルター結果のみ合計

　AGGREGATE関数は配列に指定したセル範囲内の、オプションで指定した
ルールに対応したセルのみを、集計方法で指定した集計方法で集計します。
指定できる集計方法やルールが多いため、入力時にちょっと戸惑いますが仕
組みはとてもシンプルです。次図では、F列の値を「非表示とエラーを無視」
「方法は『合計』」で集計します。

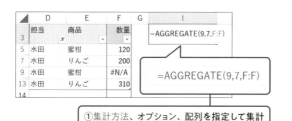

①集計方法、オプション、配列を指定して集計

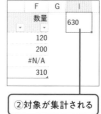

②対象が集計される

集計方法やオプションはヒント表示されるので丸暗記
しなくてもOKです。

フォントの色でセルの用途を知らせる

　関数式を用意したシートを利用する際、あるいは、利用してもらう際には、値を入力して欲しいセルと、編集して欲しくないセル（関数式の入力されているセル）の区別を付けたい場合があります。そんな時は、セルの役割ごとに書式を分けておく、というスタイルがお勧めです。

	A	B	C	D	E
1					
2		商品名	価格	数量	小計
3		りんご	180	150	27,000
4		蜜柑	120	88	10,560
5		レモン	150	45	6,750
6			-		
7			-		

青は値を入力するセル、黒は数式のセルというルールで色を付けているところ

　図では、表内の書式を、「値を入力して欲しいセル（編集可能なセル）は青」「関数で計算を行っているセル（編集して欲しくないセル）は黒」というルールで設定しています。セルの背景色を付ける等のルールでもいいですね。

　ルールを決め、それを周りに周知し徹底してもらうことで、「あ、ここに値を入れればいいんだな」「ここは触らないで欲しいんだな」と、作る側と使う側で意図が伝わりやすくなります。

　ちなみに、フォントの色を利用する場合には「数式側は黒（自動）」がお勧めです。色を付けてしまうと、F2で式を確認した際に、参照を示す色分け表示が、ちょっと分かりにくくなってしまうのです。

第 **4** 章

時間や期間を
計算する関数

給与計算やスケジュール管理で、日付や
時間がよく出てきますが、関数で効率よ
く計算するにはどうしたらよいでしょ
う？

ここで日数や時間に関する関数を見てい
きましょう。特に、シリアル値の仕組み
を押さえておくのがポイントです。

Lesson 29 日付を扱うシリアル値の考え方のおさらい

365・2021・2019・2016・2013対応

スケジュールの計算をしたいんですけど、なんか日付とか時間の計算って独特じゃないですか?

シリアル値という仕組みがベースになっているからですね。まずはその仕組みをおさらいしましょう。

■ 日付はシリアル値で管理されている

`Sample 29_シリアル値.xlsx`

Excelでは日付や時間を**シリアル値**と呼ばれる仕組みで管理しています。このシリアル値の仕組みを理解しておくと、日付や時間の計算方法や、注意点が捉えやすくなります。

日付や時間は数値ベースの「シリアル値」として管理されている

● 基準日から1日ごとに「1」を加算するルール

シリアル値は基準日を「1」とし、1日経つごとに「1」ずつ加算して日付を管理するルールです。Excelの場合、基準日は「1900年1月1日」です。1日を「1」と考えることで、「10日後」等の日数の計算が簡単になりますね。「1」の10日後は「1+10」、つまり、「11」の日付です。

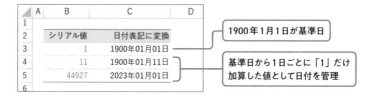

1900年1月1日が基準日

基準日から1日ごとに「1」だけ加算した値として日付を管理

シリアル値で言うと、「2023年1月1日」は「44927」となります。でも、こんな値は覚えられないですよね。そこでExcelでは「1/1」等、**日付と見なせる値を入力すると、内部的に自動的にシリアル値に変換し、セルへと入力する仕組みになっています**（「1-1」と入力すると「1月1日」に変換されてちょっとイラッとする時がある、あの仕組みです）。

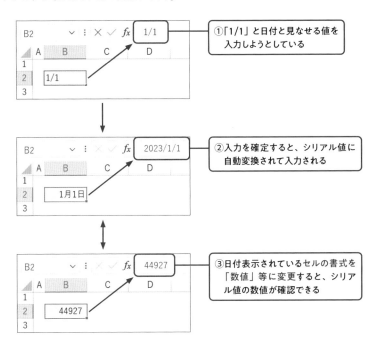

①「1/1」と日付と見なせる値を入力しようとしている

②入力を確定すると、シリアル値に自動変換されて入力される

③日付表示されているセルの書式を「数値」等に変更すると、シリアル値の数値が確認できる

● 時間は小数で管理されている

　1日が「1」ということは、その半分の「0.5」は「12時間」です。時間単位の計算を行う場合も、シリアル値が利用されます。

	シリアル値	時間表記に変換	
3	0.5	12時間00分	
4	1	24時間00分	
5	2	48時間00分	
6	0.020833333	0時間30分	

時間は小数部分で管理されている。基本は同じく「1日＝24時間が『1』」

　次のレッスン以降で紹介する各種日付・時間に関する関数は、このシリアル値の仕組みがベースになっています。

Lesson 30

現在日を基準に
10日後や40日前を計算

365・2021・
2019・2016・
2013対応

「今日」を基準にスケジュールを把握したいんですけど、
毎回「今日」の日付を入力するのが面倒で……。

TODAY関数を使えば、自動的に「今日」の日付を自動更新し
てくれますよ。

■ 今日を基準にして日付を計算

Sample 30_TODAY関数.xlsx

TODAY関数は「今日」の日付を返します。この仕組みを利用すると、ブックを開いて作業をしている当日の日付を元に、10日後や20日前等の日付を簡単に確認できます。

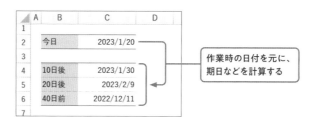

作業時の日付を元に、
期日などを計算する

● TODAY関数に引数はありません

TODAY関数は引数のない珍しい関数です。関数名の後ろにカッコを付けるだけで「今日」の日付を返してくれます。

引数なしでカッコ
だけ付ける

TODAY関数の返す日付は「今日」ですので、ブックを開いた日付に応じて自動更新されます。つまり、**利用する日によって結果が変わる関数**です。これも珍しいですね。

自動更新の必要がない場合は、Ctrl + ; を押すとアクティブセルに「今日」の日付が入力されます。

● 10日後はシリアル値に10加算でOK

では、基準となる日付を元に10日後や20日前等の日付を計算していきましょう。シリアル値は1日が「1」ですので、整数値を加算すれば、それがそのまま加算した値の分だけ経過した日付を表すシリアル値となります。

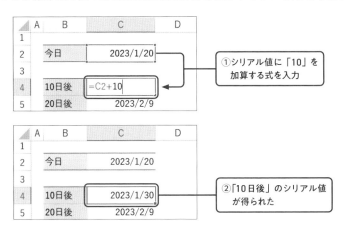

● 40日前はシリアル値から40減算でOK

同じく、整数値を減算すれば、それがそのまま減算した値の分だけ前の日付を表すシリアル値となります。

シリアル値ベースで計算を行うと、月をまたぐ日付の計算や、年をまたぐ日付の計算もシンプルな考え方で結果を得ることができます。うるう年でも自動対応してくれます。お手軽ですね。

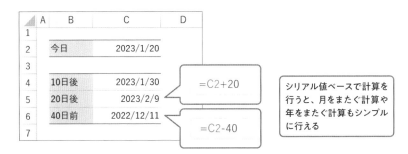

Tips　時刻も必要な場合はNOW関数

時刻の情報まで欲しい場合は、**NOW関数**を利用します。**NOW関数**は、シートが再計算されるたびに日時の値を返します。ちなみに、現在時を入力したい場合は、[Ctrl] + [:] を押せばアクティブセルに現在時が入力されます。

Lesson 31

日付から年月日を取り出す

365・2021・
2019・2016・
2013対応

集計の基準に使うために日付から「月」の値だけを抜き出す場合にはどうすればいいでしょうか?

MONTH関数で取り出せますよ。併せて、値を元にシリアル値を組み立てる方法もご紹介しますね。

■ シリアル値から年・月・日の値だけを取得　Sample 31_YEAR関数等.xlsx

　シリアル値は年・月・日、さらには時・分・秒までの情報を含んでいますが、ここから年・月・日の値のみを取り出すには、それぞれ**YEAR関数**、**MONTH関数**、**DAY関数**を利用します。

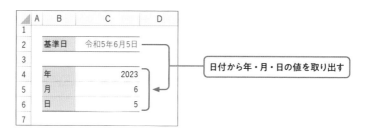

● YEAR関数・MONTH関数・DAY関数の引数

■ シリアル値……シリアル値やシリアル値が入力されているセル

　3つの関数の引数は1つだけ。値を取り出したいシリアル値です。セルに入力されている場合は、セル参照を指定すればOKです。

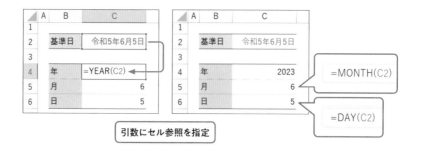

90

値からシリアル値を作成する

シリアル値から値を取り出すのとは逆に、値からシリアル値を作成するには、**DATE関数**と**DATEVALUE関数**を利用します。

DATE関数の引数

- 年……**年の数値。西暦の値で指定**
- 月……**月の数値**
- 日……**日の数値**

DATE関数は年・月・日の値を対応する3つの引数に指定します。月や日は、通常1〜12、1〜31の範囲で指定しますが、それらを超える範囲の値を指定すると、次月や前日等のシリアル値になるよう繰り上がり／繰り下がりするよう計算してくれます。

```
=DATE(2023, 5, 2)    「2023年5月2日」のシリアル値を返す
=DATE(2023, 13, 2)   「2024年1月2日」のシリアル値を返す
                     （繰り上がり）
=DATE(2023, 1, 0)    「2022年12月31日」のシリアル値を返す
                     （繰り上がり）
```

DATEVALUE関数の引数

- 日付文字列……**日付と見なせる文字列**

DATEVALUE関数は引数に指定した日付と見なせる文字列をシリアル値に変換します。シリアル値ベースで計算をしたいのに、年・月・日の値が別のセルに分割入力されているような場合は、この2つの関数を軸にシリアル値を作成していきましょう。

年・月・日の値や文字列からシリアル値を作成する例

	D	E	F	G	H	I
1						
2		年	月	日	関数式	シリアル値
3		2023	10	8	=DATE(E3,F3,G3)	2023/10/8
4		5	10	8	=DATE(2018+E4,F4,G4)	2023/10/8
5		令和5	10	8	=DATEVALUE(CONCAT(E5,"年",F5,"月",G5,"日"))	2023/10/8
6		20231008			=DATE(LEFT(E6,4),MID(E6,5,2),RIGHT(E6,2))	2023/10/8

※ Excel 2016以前はCONCAT関数ではなくCONCATINATE関数を利用します

Lesson 32 時刻や時間の計算は 誤差に要注意

365・2021・
2019・2016・
2013対応

勤務時間の計算をしている時に、なんだか思ったよう
にいかないことがあるんです……。

シリアル値で時間計算すると、誤差が出ることがあるんです。
ひと手間かけてあげると安全ですよ。

■ シリアル値の時・分・秒の計算は 誤差が出ることも

Sample 32_HOUR関数等.xlsx

シート上では「2:30」等の形式で時刻の値が入力できます。時刻の値も日付と同様シリアル値に自動変換されますが、その計算には注意が必要です。シリアル値の仕組み上、誤差が出る可能性があるためです。仕組みと、補正を行う際に便利な関数を押さえておきましょう。

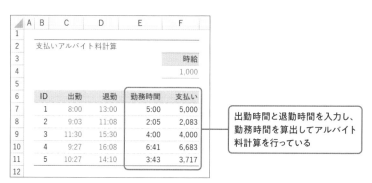

出勤時間と退勤時間を入力し、勤務時間を算出してアルバイト料計算を行っている

● TIME関数の引数

- 時……「時」の数値
- 分……「分」の数値
- 秒……「秒」の数値

● HOUR関数・MINUTE関数・SECOND関数の引数

- シリアル値……シリアル値やシリアル値が入力されているセル

● 時・分・秒の計算は「小数値」の計算

シリアル値は1日を「1」、それより短い時・分・秒は小数で管理します。そして、PC上での小数計算には、**演算誤差**が生じる可能性があります。

	B	C	D	E
2	分数1	分数2	C列－B列の結果	
3	0:01	0:02	0.0006944444444444440	
4	0:02	0:03	0.0006944444444444440	
5	0:03	0:04	0.0006944444444444500	
6				

> 「差分が1分」となる計算の結果を小数16ケタまで表示したところ。同じ「1分」のはずが、異なる値になっている

例えば、「5割る9」の答えは「0.555…（以下「5」が無限に連続）」ですが、PC上ではどこかで区切りをつける必要があります。そこで「15桁に収める」等、ルールを決めて**有効桁数**に収まるよう管理されます。つまり、本来の値とはほんの少しの誤差が生まれる仕組みなのです。また、2進数から10進数へ変換する過程でも同様の誤差が生まれます。時・分・秒の計算もこれに当てはまるのです。

● 計算を行ったら補正するのが基本の対策

この誤差は、一度の時間の計算で発生する分には1秒分にも満たない微小なものです。ただ、積み重なると大きくなってしまいます。そこで、**誤差が積み重ならないうちに、計算後に補正を行うのが基本の対策**になります。

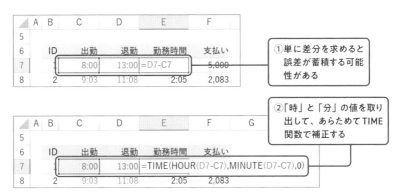

> ①単に差分を求めると誤差が蓄積する可能性がある

> ②「時」と「分」の値を取り出して、あらためてTIME関数で補正する

補正は時・分・秒の値から時刻シリアル値を作成する**TIME関数**や、シリアル値から時・分・秒の値を取り出す**HOUR関数**、**MINUTE関数**、**SECOND関数**等が便利です。補正の方法はいろいろありますが、まずは「**時・分・秒の計算は誤差へのケアが必要**」というポイントを押さえておきましょう。

Lesson 33 令和や平成などの 和暦表記に変換する

365・2021・2019・2016・2013対応

日付はシリアル値で計算したいのですが、提出書類は和暦で日付を書かなくちゃいけないんです。

シリアル値は表記を変更すれば和暦でも計算できますよ。和暦表記用の関数も用意されています。

■ 日付はシリアル値で管理して 表記を変える

Sample 33_DATESTRING関数.xlsx

「令和5年って西暦で言うと何年だっけ？」というような場面はよくあるでしょう。逆に「2019年って令和と平成どっちだっけ？」という場面も。

このようなケースでは、日付をシリアル値で管理していれば表記を変更するだけで西暦も和暦も確認できます。また、**DATESTRING関数**や**TEXT関数**を利用すれば、簡単に和暦などの表記を作成したり、日付や曜日の情報を取り出して表示できます。

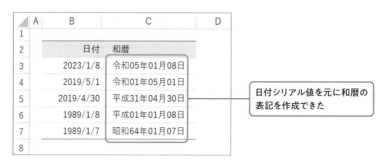

日付シリアル値を元に和暦の表記を作成できた

● DATESTRING 関数の引数

■ シリアル値……**シリアル値やシリアル値が入力されているセル**

DATESTRING関数の引数は1つだけです。シリアル値かシリアル値の入力されたセルを指定すると、**対応する和暦表記の文字列を返します。**

2019年のような令和と平成が混在している年でも、「5月1日以降は令和」「4月30日以前は平成」ときちんと表記を分けてくれます。

94

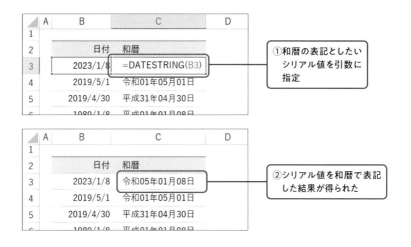

① 和暦の表記としたいシリアル値を引数に指定

② シリアル値を和暦で表記した結果が得られた

● TEXT 関数で年月日や曜日の情報を表示

TEXT関数（P.136）を利用すれば、日付に対応する**プレースホルダー**（P.136）を利用してもっと自由に表記を指定可能です。**元年表示**が可能なバージョンのExcelであれば、2019年の和暦を「令和元年」と表記するのも簡単です。

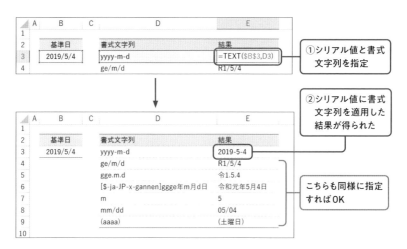

① シリアル値と書式文字列を指定

② シリアル値に書式文字列を適用した結果が得られた

こちらも同様に指定すればOK

　このように、Excelではシリアル値を軸として様々な計算や表記を行う仕組みが用意されています。日付の情報を入力する際には、単に「5月」や「1日」と別々のセルに細切れに入力するのではなく、シリアル値で入力するようにしておくと、後々情報が再利用しやすくなったり、表記を切り替えやすくなります。

Lesson 34
2つの日付の間の日数を求める

365・2021・2019・2016・2013対応

来月の20日にイベントがあるのですが、あと何日あるのかを知るにはどうしたらいいですか？

2つの日付の間の日数が知りたい場合はDAYS関数を使うと簡単にわかりますよ。

■ 2つのシリアル値間の日数を求める

Sample 34_DAYS関数.xlsx

2つの日付シリアル値の間の日数が何日なのかを求めるには、**DAYS関数**を利用します。

2つのシリアル値の間の日数を取得して計算に利用している

● DAYS関数の引数

- ■ 終了日 ……… **遅い方のシリアル値**
- ■ 開始日 ……… **早い方のシリアル値**

引数は、終了日を先に指定し、次に開始日を指定します。順番を間違えやすいので注意しましょう。

シリアル値に時刻も含まれる場合、「合計24時間経過しているか」ではなく「24時を回ったか（日付が変わったか）」で日数をカウントします。

	G	H	I	J
3	開始	終了	DAYS関数の結果	
4	8:15	23:59	0	
5	8:15	24:00	1	
6	23:59	24:00	1	

時刻が含まれる場合は、24時を回ったかで日数をカウント

●TODAY関数と組み合わせて残り日数を表示

「今日」の日付を返す**TODAY関数**（P.88）と組み合わせると、特定の期日まで「あと何日あるのか」を求められます。方法は簡単で、期日のシリアル値と、「TODAY()」を引数に指定するだけです。

①期日のシリアル値とTODAY関数を引数に指定

②期日までの残り日数が求められた（画像は2023年1月20日を起点）

=DAYS(B3,"2023/11/10")

開始日の引数に日付を指定すると、その日付を起点に残り日数を求められる（画像は開始日の引数に"2023/11/10"と指定した場合）

Tips DAYS関数を「使うかどうか」を考える

DAYS関数は日数を求めますが、シリアル値の仕組みを知っている方はこう思うのではないでしょうか。「単に減算すればいいだけでは？」と。
シリアル値は「1日が『1』」なので、終了日の値から開始日の値を減算するだけでDAYS関数と同じ結果を得られ、入力文字数も少なくなります。

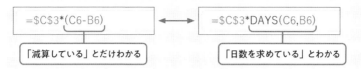

=$C$3*(C6-B6)

「減算している」とだけわかる

=$C$3*DAYS(C6,B6)

「日数を求めている」とわかる

ただ、「日数を計算している」ことは断然DAYS関数の方が伝わります。長い関数式中で日数計算を行う際、伝わりやすさは内容の理解や修正に役立ちます。シリアル値の仕組みを知らない人にも、どんな計算をしているのかが伝わるでしょう。
このように、同じ結果を得られる関数式でも、「入力しやすさ」「伝わりやすさ」「処理速度」が異なる場合は往々にしてあります。自分やチームはどの要素を大事にして関数式を作成するのか、ルールを決め、同じルールで作成するようにしておくと、全体として「理解しやすい」シートを作成できるでしょう。

Lesson 35

見込み作業日数から 作業完了日を計算する

365・2021・
2019・2016・
2013対応

10営業日で完了する予定のタスクがあるんですけど、
いつ始めれば期日内に終わるか計算できますか？

営業日単位で日数計算をする場合はWORKDAY.INTL関数が便
利ですよ。

■ 10営業日後の日付を知る

Sample 35_WORKDAY関数.xlsx

　業務のスケジュールを立てる際には、休日・祝日を除いた**営業日**単位で日
数を計算したいでしょう。**WORKDAY.INTL関数**を利用すれば、基準日から任
意の営業日数後の営業日の日付が求められます。

	C	D	E	F	G	H	I	J	K	L	M
1											
2		作業期間シミュレーション			5月カレンダー						
3		作業日数	6		月	火	水	木	金	土	日
4						1	2	3	4	5	6	7
5		予定開始日	予定終了日		8	9	10	11	12	13	14
6		5月1日	5月12日		15	16	17	18	19	20	21
7		5月2日	5月15日		22	23	24	25	26	27	28
8		5月8日	5月16日		29	30	31				
9											

営業日単位で日付の計算を行えている

● WORKDAY.INTL 関数の引数

- 開始日 …… **基準となる日付のシリアル値**
- 日数 ……… **開始日からの営業日数**
- [週末] …… **休日パターンを指定する値。規定は [1]（土日休み）**
- [祭日] …… **営業日にカウントしない祝祭日のリスト**

　引数は、開始日と開始日からの営業日数を日数に指定します。さらに、1
〜17の値で週ごとの休日パターンを週末に指定し、最後に、祝祭日等があれ
ば、その日付が入力されているセル範囲を祭日に指定します。

祝祭日のリストを用意して営業日を計算

WORKDAY.INTL関数は営業日単位で計算を行いますが、そのために必要な情報が週ごとの休日と、祝祭日の情報です。週ごとの休日が何曜日かは週末で指定し、祝祭日の方は祝祭日のリストを作成し、祭日に指定します。

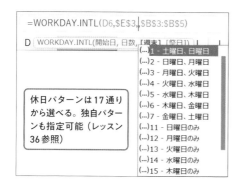

営業日ベースで日数を計算

あとは、4つの引数を指定していくだけです。次図では、D列の日付から、セルE3の値の営業日分だけ経過した営業日を、「土日休み」「B3:B5の日付も休み」というルールで計算します。

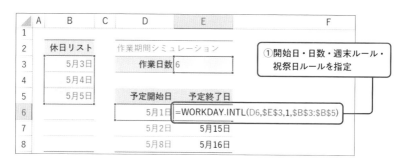

99

Lesson 36 期日まであと何営業日 残っているかを計算

365・2021・
2019・2016・
2013対応

ざっくり2カ月で終える予定のタスクがあるのですが、
実際には何日間作業ができるか計算できますか?

営業日単位で日数を求めたいなら、NETWORKDAYS.INTL関数
ですね。祝祭日にも対応できます。

■「ざっくり2カ月」の正確な 日数を知る

Sample 36_NETWORKDAYS関数.xlsx

2つの日付の間の**営業日の日数**を求めたい場合には、**NETWORKDAYS.INTL 関数**を利用します。週ごとの休日パターンや祝祭日のリストを指定することで、「水曜・日曜休み」や「創立記念日で休日」などの事業所独特の休日にも対応した計算も可能です。

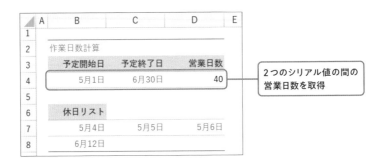

2つのシリアル値の間の
営業日数を取得

● NETWORKDAYS.INTL関数の引数

- 開始日 …… 開始日となる日付のシリアル値
- 終了日 …… 終了日となる日付のシリアル値
- [週末] …… 休日パターンを指定する値。規定は [1]（土日休み）
- [祭日] …… 営業日にカウントしない祝祭日のリスト

引数は、開始日と終了日を指定し、さらに、1〜17の値で週ごとの休日パターンを週末に指定し、最後に、祝祭日等があれば、その日付が入力されているセル範囲を祭日に指定します。

■ 週末パターンと祝祭日を指定して営業日を計算

NETWORKDAYS.INTL関数は、WORKDAY.INTL関数（P.98）と同様、営業日単位で計算を行います。

週ごとの休日はあらかじめ用意された17パターンから選択できるほか、独自のパターンも指定可能です。例えば、下図のように「水・日休み」「5月4日〜6日、6月12日が休日」という事業所の場合を考えてみましょう。

	E	F	G	H	I	J	K	L	M	N	O	P	Q	R	S	T
1																
2		5月カレンダー								6月カレンダー						
3		月	火	水	木	金	土	日		月	火	水	木	金	土	日
4		1	2	3	4	5	6	7					1	2	3	4
5		8	9	10	11	12	13	14		5	6	7	8	9	10	11
6		15	16	17	18	19	20	21		12	13	14	15	16	17	18
7		22	23	24	25	26	27	28		19	20	21	22	23	24	25
8		29	30	31						26	27	28	29	30		

● 独自の休日パターンを指定

週ごとの休日パターンは**「月曜始まりで、営業日を『0』、休日を『1』で表した7文字の文字列」**でも指定可能です。「1000000」は「月曜休み」、「0010001」は「水・日休み」となります。これらの仕組みを利用して休日パターンと祝祭日を指定して、営業日数を計算します。

①開始日、終了日、休日パターン、祝祭日を指定して計算

②営業日数が求められた

Lesson 37

30分単位で
勤務時間を計算する

365・2021・
2019・2016・
2013対応

時給の計算をするために30分単位で切り上げたり、1時間単位で掛け算をしたいんです……。

シリアル値ベースで切り上げ／切り下げもできますよ。その後に時間あたりの計算をしていきましょう。

■ 時給計算の基準となる値を計算する　Sample 37_時間単位の計算.xlsx

出勤・退勤時刻や休憩時間といったデータから、時給の計算の基準となる値を算出してみましょう。

出勤・退勤・休憩時間から時給計算の基準となる値を計算

A	B	C	D	E	F	
1						
2	出勤時刻	退勤時刻	休憩	労働時間	30分単位丸め	1時間単位に変換
3	8:30	17:30	1:00	8:00	8:00	8
4	8:15	16:42	1:00	7:27	7:00	7
5	8:27	11:30	0:00	3:03	3:00	3
6	9:10	20:45	1:00	10:35	10:30	10.5

● 基本は「基準単位のシリアル値で割る」

「30分単位」「1時間単位」等の単位あたりでシリアル値を変換する際の基本は「**変換したいシリアル値を、基準単位のシリアル値で割る**」ことです。

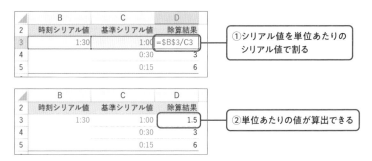

	B	C	D
2	時刻シリアル値	基準シリアル値	除算結果
3	1:30	1:00	=$B$3/C3
4		0:30	3
5		0:15	6

①シリアル値を単位あたりのシリアル値で割る

	B	C	D
2	時刻シリアル値	基準シリアル値	除算結果
3	1:30	1:00	1.5
4		0:30	3
5		0:15	6

②単位あたりの値が算出できる

結果が時刻表示される場合はセルの書式を「標準」等に設定します。

102

■ シリアル値単位で丸め計算なども可能

出勤時刻・退勤時刻・休憩時間のシリアル値から、労働時間のシリアル値を求めるには、以下の計算で算出します。

退勤時刻 − 出勤時刻 − 休憩時間

この労働時間を基準に1時間あたりの時給計算をする前に、「30分単位で丸めたい」というような場合は、**シリアル値ベースで丸め計算**を行います。

● 30分単位で切り下げる

30分単位で切り下げて丸めるには、**FLOOR.MATH関数**（P.80）で、丸めたいシリアル値を、シリアル値「00:30」で丸めます。**単位あたりに変換してから丸めるよりも、直感的に計算式が作成できます**ね。

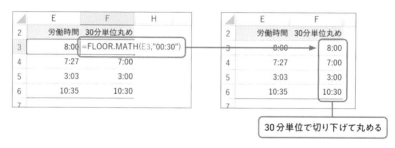

30分単位で切り下げて丸める

また、時間の計算を行う際には**誤差**が発生する可能性がある（P.92）ため、なんらかの補正をしておくのがベターです。次図では**TIMEVALUE関数**と**TEXT関数**（P.136）を組み合わせて補正をしています。

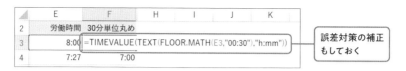

誤差対策の補正もしておく

● TIMEVALUE関数の引数

■ 時刻文字列……**時刻と見なせる文字列**

TIMEVALUE関数は、引数に指定した文字列を時刻シリアル値に変換します。この引数に、丸め計算を行った（誤差のある可能性がある）シリアル値を、**TEXT関数**で「h:mm」の書式で変換した文字列、つまり「1:30」等の文字列を指定することにより、補正した時刻シリアル値を計算しています。

Lesson

38

曜日ごとに決まった値を
自動入力する

365・2021・
2019・2016・
2013対応

月間スケジュールを考えていますが、曜日ごとに固定
されている内容の入力が面倒で……。

WEEKDAY関数を使えば曜日に対応した値が得られるので、そ
の値を使って表引きしていきましょう。

■ 何曜日かを示す値を求めて計算に 利用する

Sample 38_WEEKDAY関数.xlsx

　スケジュールを考える際、曜日ごとに決まった項目がある場合、まず、曜
日ごとの項目のリストを作成しておくのがお勧めです。日付シリアル値から
は、**WEEKDAY関数**で曜日に応じた値が得られるので、その値を利用すれば、
リストから曜日に応じた内容を取り出して入力できます。

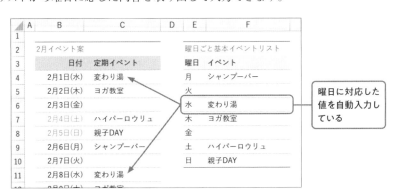

● WEEKDAY関数の引数

- シリアル値……曜日に応じた値を求めたいシリアル値
- [種類]…………値のルール。既定は[1]（日曜始まりで1~7）

　WEEKDAY関数は曜日に応じた値を求めたいシリアル値を指定し、種類に
「月~日の各曜日を、どの数値で表すか」のルールを指定します。ルールは
17種類用意されており、対応する数値で指定します。関数入力時に表示され
るヒントを参考に選んでいきましょう。

■ INDEX関数と組み合わせて曜日に応じた内容を入力

曜日に応じた内容を入力するには、**INDEX関数**（P.182）との組み合わせがお手軽です。**INDEX関数**は、リストとインデックス番号を指定すると、リスト中から指定インデックス番号の内容を取り出す関数です。

● WEEKDAY関数で曜日ごとの値を計算

まずは**WEEKDAY関数**の仕組みを確認していきましょう。次図ではB列の日付を、「1（月曜）～7（日曜）」ルールで計算しています。結果を見ると、曜日に対応した値が算出されていますね。

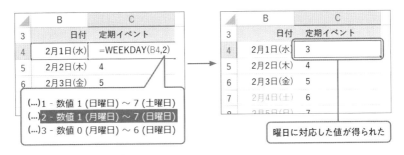

曜日に対応した値が得られた

● 曜日ごとのリストを作成して表引き

この値を**INDEX関数**に入れ子にして表引きを行います。次図ではセル範囲F4:F10のリストから、**WEEKDAY関数**の結果の番号の内容を取り出しています。これで曜日に応じた内容が自動入力できますね。

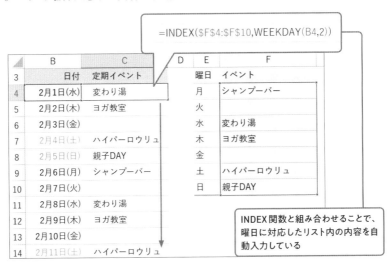

INDEX関数と組み合わせることで、曜日に対応したリスト内の内容を自動入力している

Lesson 39

当月や翌々月の月末を計算する

365・2021・
2019・2016・
2013対応

受注した案件の売り上げと支払い期日を整理するために月末の日付が欲しいんですが……。

EOMONTH関数ですね。当月だけでなく指定した月数だけ離れた月の月末も求められますよ。

■ シリアル値を元に「月末」を求める Sample 39_EOMONTH関数.xlsx

「月末締めの翌々月払い」等の形で締結した取引では、取引を締結した日付を元に、いくつかの「月末」の日付が必要になります。このような月末日は、**EOMONTH関数**を利用すれば簡単に求められます。

取引に応じた「月末」を自動計算している

● EOMONTH関数の引数

- 開始日 …… **月末を求める基準となるシリアル値**
- 月 ………… **開始日からの月数**

EOMONTH関数の引数は2つです。まずは基準となる日付シリアル値、そして、基準日からの月数です。この月数は、「0」であれば「当月」となり、「1」なら「翌月」、「2」は「翌々月」。そして、「-1」であれば「前月」となります。**プラスは未来の月末、マイナスは過去の月末**というわけですね。

EOMONTH関数の「EO」は「End Of Month」の「EO」です。エンドオブマンスで「月末」というわけですね。

取引日から締め日と支払い期日を計算

EOMONTH関数を使って締め日と支払い日（支払い期日）を求めてみましょう。多くの場合、締め日は「取引を行った日付の月末」、支払い日は「取引を行った日付の翌月、もしくは、翌々月」です。

当月の月末を求める

締め日の計算方法は非常にシンプルです。引数月を「0」にしてEOMONTH関数を利用するだけです。次図ではC列の日付に対応する月末日を求めます。

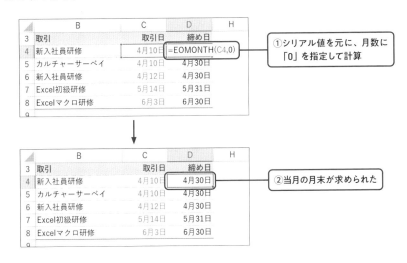

①シリアル値を元に、月数に「0」を指定して計算

②当月の月末が求められた

指定月数離れた月末を求める

支払い日を計算する場合は「何カ月後の月末を求めたいのか」の数値が必要になってきます。次図ではC列の日付に対して、F列の数値だけ離れた月の月末日を求めます。

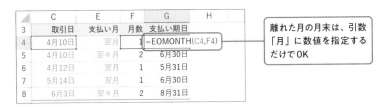

離れた月の月末は、引数「月」に数値を指定するだけでOK

支払い日は会社ごとの慣習によって何カ月後なのかが変動しますが、簡単に対応できますね。

Lesson 40 連続する日付を簡単に入力する

365・2021・
2019・2016・
2013対応

スケジュールを立てたり予定日計算したり、日付を入力する場面が意外に多くて大変なんです……。

SEQUENCE関数などの仕組みを利用すると、簡単に入力できるようになりますよ。

日付は「1日が『1』」というルールを利用して入力

Sample 40_日付の入力.xlsx

「直近10日」「7日ごと」など、ちょっとした日付のリストが欲しい場面は意外と多くあります。そんなケースではシリアル値が「1日が『1』」というルールで管理されていることを思い出すと、簡単に一連の日付が入力可能となります。

下図では、基準日から「7日ごと」で6回分の日付を自動入力しています。

	A	B	C
1			
2		レポート提出日一覧	
3		開始日	2023/5/1
4			
5		開始日	2023/5/1
6		第1回	2023/5/8
7		第2回	2023/5/15
8		第3回	2023/5/22
9		第4回	2023/5/29
10		第5回	2023/6/5
11			

	A	B	C
1			
2		レポート提出日一覧	
3		開始日	2023/9/8
4			
5		開始日	2023/9/8
6		第1回	2023/9/15
7		第2回	2023/9/22
8		第3回	2023/9/29
9		第4回	2023/10/6
10		第5回	2023/10/13
11			

「7日ごと」という決まったパターンを持つ日付を自動表示している

決まったパターンの日付を自動入力

決まったパターンを持つ日付の入力は、シリアル値ベースで考えるとかなり手軽になります。例えば「連続した10日間」は、「基準日」と「〇日後」に分けて考えれば、「1日後」は「基準日プラス1」、「2日後」は「基準日プラス2」となります。つまりは「基準日に1〜10の値を加算した日付のリスト」となりますね。

この考え方のリストを、**SEQUENCE関数**（P.202）で作成してみましょう。

SEQUENCE関数は、指定した行数・列数の連続した値のリスト（配列）を作成する関数です。この関数に「2023/8/1」のシリアル値を「1ずつ加算」というルールで「10行1列」の配列を作成すれば、簡単に10日分の日付が得られます。

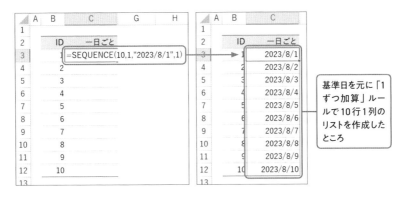

同様に「7ずつ加算」「"00:15"ずつ加算」等のルールを指定すれば、「7日ごと」「15分ごと」等、指定間隔での値のリストが簡単に用意できます。

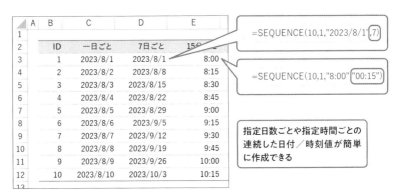

SEQUENCE関数が利用できない場合は、ひと手間かかりますが、基準となるシリアル値に「1（1日後）」「7（7日後）」「"15:00"（15分後）」等の間隔を指定する値を加算する式を、必要な数だけ作成するか、**オートフィル**機能で入力していきましょう。

> **Tips** ランダムな日付はRANDARRAY関数が便利
>
> 期間内のランダムな日付リストの作成には、RANDARRAY関数（P.203）が便利です。次の関数式は、5月1日～5月5日の範囲でランダムな日付を10個返します。
> =RANDARRAY(10,1,"2023/5/1","2023/5/5",TRUE)

関数式の一括修正は［置換］機能が便利

　入力した一連の関数式の修正を行う際に便利なのが［置換］機能です。セル参照の修正などは起点となるセルで参照を修正し、オートフィル機能で一括修正した方が速いのですが、特定の値の修正となると少々面倒です。

　そこで、［検索と置換］ダイアログの出番です。修正を行いたいセル範囲を選択し、［Ctrl］＋［H］等を押してダイアログを表示します。［検索する文字列］に修正したい文字を入力し、［置換後の文字列］に置換後の文字列を入力し、［すべて置換］ボタンを押せば、選択セル範囲の数式を一気に修正できます。

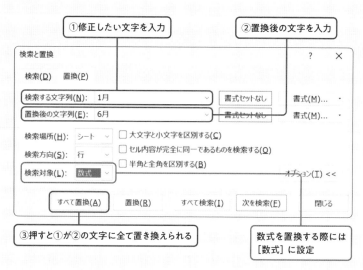

①修正したい文字を入力　　②置換後の文字を入力

③押すと①が②の文字に全て置き換えられる　　数式を置換する際には［数式］に設定

　なお、数式の内容を一括修正する際には、［検索対象］は「数式」に設定しておきましょう。

第 **5** 章

データをきちんと
整える関数

他のアプリ等から持ってきたデータの
書式、全角・半角の扱いがまちまちで、
Excelできれいにしたい方法を探してい
ます。

必要箇所を抜き出したり、洗浄する関数
を見ていきましょう。関数の結果のみを
転記・貼り付けする方法もポイントで
す。

Lesson 41

コピーしてきたデータの 基本処理のおさらい

365・2021・
2019・2016・
2013対応

ネット等のデータを貼り付けると書式が残ってしまうんです。データをきれいにする関数ってありますか？

ちょっと待って。関数を使う前に、まずは一般的な機能で楽に処理できる方法を押さえましょう。

■ 必要な情報だけをコピーするには

Sample 41_コピーと分割.xlsx

　ブラウザーに表示されている内容等をExcelに持ち込んで利用する場合、最もカジュアルな方法はコピー&ペーストでしょう。ただ、普通に Ctrl + C でコピーして Ctrl + V で貼り付けたのでは、余計な情報まで貼り付けられてしまいます。この回避方法を押さえておきましょう。

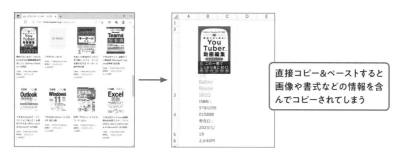

直接コピー&ペーストすると画像や書式などの情報を含んでコピーされてしまう

● データだけ欲しいなら［値のみ貼り付け］

　基本は［値］（または［テキスト］）のみを貼り付ける機能の利用です。レッスン10でも紹介したこの機能は、ブラウザー等からの貼り付けにも有効です。

［値］（または［テキスト］）を貼り付けると、テキストデータのみの形で貼り付けられる

［値］のみを貼り付ける機能でブラウザー等からコピーしたデータを貼り付けると、フォントの設定やハイパーリンク情報、画像といった**装飾等、テキスト以外のデータは取り除かれ、テキストデータのみが貼り付けられます**。

関数でデータの整形や洗浄を行うのは、その後です。「コピー＆値の貼り付け」が基本の「キ」となる操作というわけですね。

● 関数を使って修正した値を上書きする際にも［値］のみを貼り付け

関数を利用してデータの整形・洗浄を行った場合、多くのケースでは元の整形前・洗浄前のデータは不要となり、整形後・洗浄後のデータのみを残しておきたいことがほとんどでしょう。

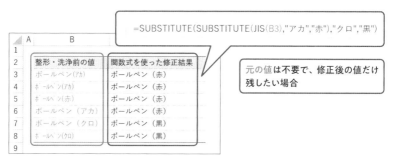

しかし、修正結果の値は関数の結果である以上、元の値がなければ計算自体ができません。そこで、結果の値のみを取り出してしまいましょう。

方法は簡単です。**関数式の入力されているセル範囲を選択してコピーしたら、Ctrl + V → Ctrl で値を貼り付けます**。

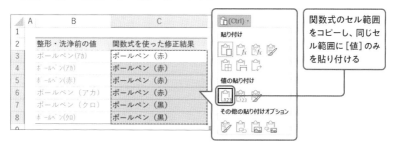

これで結果のみが残ります。これなら元の値は削除してもOKですね。結果の値のみを残す際の定番操作ですので、ぜひ覚えておきましょう。

また、元の値を削除する際には、「どこから入手したのか」の情報だけは何らかの形で残しておくのがお勧めです。入手元情報がないと、「情報の出どころはどこ？」と確認する際、非常に手間になります。

区切り文字がある場合の分割

　他の場所から持ってきたデータは、理想的な形になっているとは限りません。ですが、何らかの規則性がある場合には欲しい箇所だけを取り出すのはそう難しくはありません。典型的な例が、**決まった区切り文字で区切られているデータ**です。

　例えば、下図B列には「ISBN」「発売日」のデータが羅列されていますが、よく見るとデータの見出しと内容が「：」で区切られています。

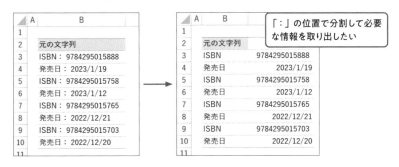

「：」の位置で分割して必要な情報を取り出したい

●［区切り位置］機能で一括して分割可能

　このタイプのデータは、**［区切り位置］**機能で一括分割が可能です。データ範囲を選択し、リボンの**［データ］**−**［区切り位置］**を選択すると、「区切り位置指定ウィザード」が表示されます。指示に従って区切り形式や、区切り文字を指定していきましょう。

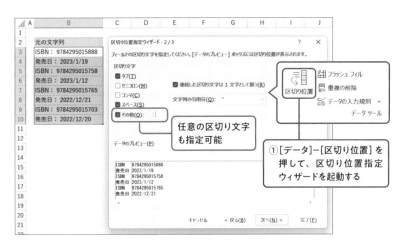

任意の区切り文字も指定可能

①［データ］−［区切り位置］を押して、区切り位置指定ウィザードを起動する

今回のケースでは「：」を区切り文字として指定して分割を行いました。

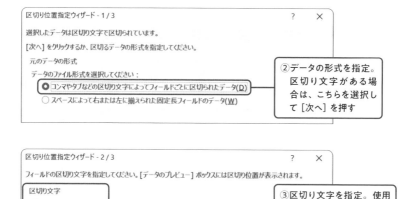

②データの形式を指定。区切り文字がある場合は、こちらを選択して［次へ］を押す

③区切り文字を指定。使用したい区切り文字にチェックを入れる。独自の区切り文字の場合は、［その他］欄に入力して［次へ］を押す

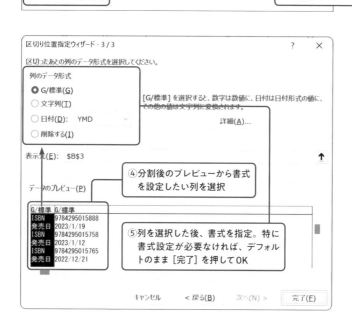

④分割後のプレビューから書式を設定したい列を選択

⑤列を選択した後、書式を指定。特に書式設定が必要なければ、デフォルトのまま［完了］を押してOK

非常に簡単にデータの分割が行えます。いわゆる **CSV形式のデータ**（カンマ区切りのデータ）や、タブ区切りのデータ等を持ってきた場合、関数でも分割処理は可能ですが、こちらの機能で一括分割してから必要なものだけを残すスタイルも併せて覚えておきましょう。

Lesson 42
左から3文字や 4文字目以降を抜き出す

365・2021・
2019・2016・
2013対応

 入力されているデータから一部分だけを抜き出して使うにはどうすればいいんでしょう?

 文字数で考える場合には、LEFT関数やRIGHT関数、そしてMID関数が使いやすいですよ。

■ 指定数分の文字を取り出す

Sample 42_LEFT関数等.xlsx

任意の文字から「左から3文字」「1番右の文字」「4文字目から3文字分」等、文字数ベースで該当箇所のみを取り出すには、それぞれ**LEFT関数**、**RIGHT関数**、そして、**MID関数**を利用します。

> B列の住所データから都道府県部分とそれ以降の部分を取り出したところ

	A	B	C	D	E
1					
2		住所	区切り位置	都道府県	以降の文字
3		東京都文京区後楽1-3-61	3	東京都	文京区後楽1-3-61
4		東京都新宿区霞ヶ丘町3-1	3	東京都	新宿区霞ヶ丘町3-1
5		神奈川県横浜市中区横浜公園	4	神奈川県	横浜市中区横浜公園
6		愛知県名古屋市東区大幸南1-1-1	3	愛知県	名古屋市東区大幸南1-1-1
7		兵庫県西宮市甲子園町1-82	3	兵庫県	西宮市甲子園町1-82
8		広島県広島市南区南蟹屋2-3-1	3	広島県	広島市南区南蟹屋2-3-1
9					

● LEFT関数・RIGHT関数の引数

- 文字列 ………元になる文字列
- [文字数]……左端／右端から取り出す文字数。省略時は1番左の文字／1番右の文字のみ取り出す

● MID関数の引数

- 文字列 ………元になる文字列
- 開始位置……文字列を取り出す開始位置
- 文字数 ………開始位置から取り出す分の文字数

■ 住所から都道府県部分とそれ以降を取り出す

B列の住所から、「都道府県」と「それ以降」を取り出してみましょう。下準備として、C列に「都道府県」の区切りとなる位置を入力しておきます。

住所の先頭、つまり、左端に来る都道府県の値を取り出すには、**LEFT関数**を使って、「左端から〇文字分」の形で取り出します。

次図ではB列から、左からC列の数値の文字数分だけを取り出します。

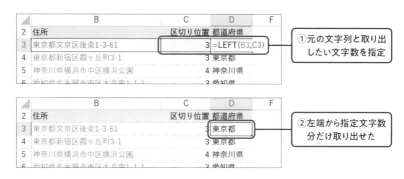

● 途中から取り出すにはMID関数

文字列の途中から抜き出したい場合は、**MID関数**を利用します。引数は対象文字列、取り出す開始位置、そして、そこからの文字数です。「開始位置以降の全部」を取り出したい場合は、文字数として**「100文字分」等、十分な大きさの数値を指定**しておきます。

次図では、B列から、C列の数値プラス1文字の位置から100文字分、つまり、残り全ての文字を取り出します。

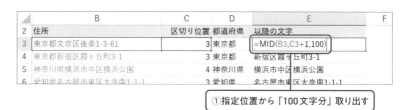

Lesson 43

特定の文字がある位置をチェックする

365・2021・
2019・2016・
2013対応

一部の内容だけ別に取り出すために、決まった文字のある位置を調べたいんですけど、いい方法は？

文字の位置チェックはFIND関数が便利ですよ。LEFT関数やMID関数と組み合わせるのがお勧めです。

■ 特定の文字は何番目にあるのかをチェック

Sample 43_FIND関数.xlsx

LEFT関数や**MID関数**を利用して文字列を取り出す場合（P.116）、取り出しを開始する位置や文字数を決めるために、目印となる文字列の位置が知りたい場合があります。そんな時には、**FIND関数**を利用すると、任意の文字列のある「位置」が取得できます。

	A	B	C	D	F
1					
2		メールアドレス	@の位置	アカウント名	
3		miyata913@example.net	10	miyata913	
4		katokenichi@example.co.jp	12	katokenichi	
5		hiragaminoru@example.org	13	hiragaminoru	
6		kikuchi_123@example.co.jp	12	kikuchi_123	
7		naoya_harada@example.jp	13	naoya_harada	
8		tabuchikeiko@example.jp	13	tabuchikeiko	

@の位置をFIND関数で調べ、「それ以前の文字列」を取り出せた

● FIND関数の引数

- 検索文字列……**検索したい文字列**
- 対象……………**検索文字列を探す対象の文字列**
- [開始位置]……**対象のどの位置から検索を開始するかを指定**
  省略した場合は [1]（先頭1文字目から検索）

FIND関数の引数は、まず、目印となる文字列を検索文字列に指定し、その後、目印を探す文字列を対象に指定します。

検索文字列が何文字か含まれることがわかっている場合には、開始位置に「何文字目から探すか」を指定し、検索対象を調整します。

■ メールアドレスから「@」を元にアカウント名を抜き出す

B列のメールアドレスからアカウント名部分を抜き出してみましょう。なお、ここでのアカウント名は「@」より前の部分であるとします。

まずは「@」の位置をFIND関数で取得します。次図ではB列の値を先頭から検索し、「@」が現れる位置を取得します。

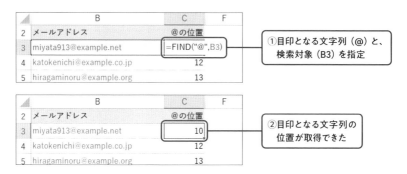

得られる位置は先頭の場合が「1」、以下、連番となります。これでメールアドレスごとの「@」の位置が求められました。

● FIND関数の結果を元に「@より前の文字列」を取得

あとは**LEFT関数**で@の位置の「1文字前」までを取り出せば完成です。

Chapter 5

データをきちんと整える関数

> **Tips** 365版等ではTEXTBEFORE関数／TEXTAFTER関数も
>
> Microsoft 365版では**TEXTBEFORE関数**を利用すると、もっと簡単に「検索文字列の前までの文字列」が取得できます。

Lesson 44
特定の文字があるかを曖昧にチェックする

365・2021・
2019・2016・
2013対応

 決まったパターンがあるにはあるんですけど、ケースによって一部だけ変わってしまうことがあるんです。

 そんな時はワイルドカードの仕組みが使える関数を使えば対応できるかもしれませんよ。

■ 目印となる文字を曖昧にチェック　　Sample 44_SEARCH関数.xlsx

　「カッコに囲まれた1文字を取り出したい。ただ、その1文字はなんでもいい」等の曖昧な条件で目印となる文字の位置を求めたい場合には、**ワイルドカード**の仕組みが利用できる **SEARCH関数** が便利です。

	A	B	C	D
1				
2		製品	色情報位置	色情報
3		ボールペン（0.5mm）（黒）ノーマル	13	黒
4		ボールペン（0.5mm）（赤）ノーマル	13	赤
5		細書きボールペン（0.3mm）（黒）	16	黒
6		細書きボールペン（0.3mm）（赤）	16	赤
7		ボールペン（黒）太書き	6	黒
8				

カッコに囲まれた1文字の位置を取得し、その値を元に色情報を取り出した例

● SEARCH関数の引数

- ■ 検索文字列……**検索したい文字列**
- ■ 対象…………**検索文字列を探す対象の文字列**
- ■ [開始位置]……**対象のどの位置から検索を開始するかを指定**

　SEARCH関数の引数は、**FIND関数**（P.118）と同じです。ただ、検索文字列にワイルドカードが利用できるという点だけが異なります。

● ワイルドカード文字

?	任意の1文字
*	任意の文字列
~	直後の「?」「*」「~」を普通の文字として扱う

● ワークシート関数で使えるワイルドカードは3種類

関数で利用できるワイルドカード文字は3種類です。「**?**」は**任意の1文字**を表します。なんでもいいので1文字です。「*****」(アスタリスク)は**任意の文字列**を表します。0文字以上のなんでもいい文字です。つまり、文字がなくても構いません。そして、「**~**」(チルダ)は、直後のワイルドカード文字を普通の文字として扱いたい際に利用する**エスケープ用文字**です。「?」や「*」自体を検索したい場合に利用します。

● ワイルドカード「?」と「*」の違い

検索文字列	意　味	ヒットする文字列の例
(?)	カッコ内に1文字	(赤)、(青)、(緑)
(*)	カッコで囲まれた箇所	(赤)、(0.5mm)、(090)、()

● SEARCH関数でワイルドカード検索

次図では、**SEARCH関数**でワイルドカードを利用し、「(?)」という文字列を、B列から検索して位置を求めています。

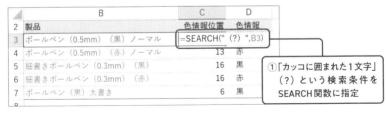

①「カッコに囲まれた1文字」(?)という検索条件をSEARCH関数に指定

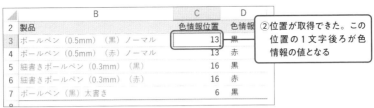

②位置が取得できた。この位置の1文字後ろが色情報の値となる

データによってはカッコに囲まれた箇所が2か所ありますが、「1文字を囲んだ場所」の位置が取得できていますね。あとは、得られた位置の「1文字後ろ」を**MID関数**（P.116）等で取り出せば完成です。

> **Tips** ワイルドカードはSUMIF関数等でも使える
>
> ワイルドカードは**SUMIF関数**、**COUNTIF関数**、**VLOOKUP関数**等でも利用可能です。

データの中間にある住所や品番を抜き出す

365・2021・
2019・2016・
2013対応

データの中間から特定の部分を抜き出したいんですけど、範囲をどう特定すればいいのか……。

区切り位置を2つ使って、関数式を作るのが楽ですよ。自分なりの方法を決めてしまいましょう。

■「中間」を抜き出すのは意外と手間がかかる

Sample 45_細かく抜き出す.xlsx

データの「中間」を抜き出すのは意外と手間がかかります。様々な方法があるのですが、自分なりの方法を1つ決めて持っておくと、迷わずに目的の値を抜き出せます。一例として、住所から市区町村情報を取り出す仕組みを考えてみましょう。

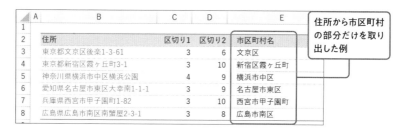

住所から市区町村の部分だけを取り出した例

	A	B	C	D	E
1					
2		住所	区切り1	区切り2	市区町村名
3		東京都文京区後楽1-3-61	3	6	文京区
4		東京都新宿区霞ヶ丘町3-1	3	10	新宿区霞ヶ丘町
5		神奈川県横浜市中区横浜公園	4	9	横浜市中区
6		愛知県名古屋市東区大幸南1-1-1	3	9	名古屋市東区
7		兵庫県西宮市甲子園町1-82	3	10	西宮市甲子園町
8		広島県広島市南区南蟹屋2-3-1	3	8	広島市南区

● 2つの位置を決めてその中間を抜き出す方式

方針としては、「都・道・府・県」、「市・区・町・村」の文字の位置を元に、その間の文字列を取り出すこととします。

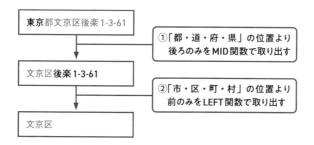

東京都文京区後楽1-3-61

①「都・道・府・県」の位置より後ろのみをMID関数で取り出す

文京区後楽1-3-61

②「市・区・町・村」の位置より前のみをLEFT関数で取り出す

文京区

まず、「都・道・府・県」より後ろの部分を取り出し、その結果からさらに、「市・区・町・村」までの部分を取り出すという2段階の手順で取り出す作戦です。

　「都・道・府・県」の位置を「区切り1」、「市・区・町・村」の位置を「区切り2」とすると、まずはMID関数で「都・道・府・県」より後ろの部分を求めます。

=MID(住所, 区切り1 + 1, 100)

　その結果に対して、今度はLEFT関数で「市・区・町・村」までの部分を取り出します。元の住所から「区切り1」までの文字はすでに取り除かれているので、取り出したい文字数は「区切り2 - 区切り1」となります。

= LEFT(MID関数の結果, 区切り2 - 区切り1)

	B	C	D	E	F
2	住所	区切り1	区切り2	市区町村名	
3	東京都文京区後楽1-3-61	3	6	=LEFT(MID(B3,C3+1,100),D3-C3)	
4	東京都新宿区霞ヶ丘町3-1	3	10	新宿区霞ヶ丘町	
5	神奈川県横浜市中区横浜公園	4	9	横浜市中区	
6	愛知県名古屋市東区大幸南1-1-1	3	9	名古屋市東区	

	B	C	D	E	F
2	住所	区切り1	区切り2	市区町村名	
3	東京都文京区後楽1-3-61	3	6	文京区	
4	東京都新宿区霞ヶ丘町3-1	3	10	新宿区霞ヶ丘町	
5	神奈川県横浜市中区横浜公園	4	9	横浜市中区	
6	愛知県名古屋市東区大幸南1-1-1	3	9	名古屋市東区	

2つの位置情報を元に中間の文字列を抜き出せた

　これで目的の範囲が抜き出せました。他にもいろいろな抜き出し方がありますが、自分なりの「いつもの取り出し方」を用意しておきましょう。

Tips　区切りの位置を求めるパターンも決めておくとより便利

区切り位置を関数式で求める仕組みも「いつものパターン」を持っておくと、「抜き出す」作業がはかどるでしょう。サンプルでは、「都・道・府・県」の位置を、
=MAX(IFERROR(FIND({"都","道","府","県"},B3),0))
と、「それぞれ検索して一番大きい値を採用」という方針で求めています。一見わかりにくい式になってしまうのですが、「いつものパターン」として決めておくことで「あ、ここは4文字どれかの位置を求めてるんだな」と見当がつくようになります。

Lesson 46 カタカナや英数字の全角／半角を統一する

365・2021・
2019・2016・
2013対応

他の場所からデータを持ってきたんですが、全角文字と半角文字が混在していてまとめるのが難しいです。

JIS関数とASC関数を利用すれば、一括で全角か半角かに統一できますよ。

■ カタカナと英数字の全角・半角を統一する

Sample 46_JIS関数等.xlsx

　他のアプリ等からデータを持ち込んだ時に注意したいのが**全角文字と半角文字の混在**です。決まったルールで統一されていないと単純に見づらいだけでなく、**同じ商品やものを指定しているはずのデータが、異なるものとして扱われてしまいます**。結果、集計や統計データの信ぴょう性が下がることになります。

　関数で全角／半角を統一するには、**JIS関数**と**ASC関数**を利用します。

▲	A	B	C	D	E
1					
2		元の値	全角変換	半角変換	
3		Excel&Word講座	Ｅｘｃｅｌ＆Ｗｏｒｄ講座	Excel&Word講座	
4		エクセル＆ワード講座	エクセル＆ワード講座	ｴｸｾﾙ＆ﾜｰﾄﾞ講座	
5		Ｅｘｃｅｌ＆Ｗｏｒｄ講座	Ｅｘｃｅｌ＆Ｗｏｒｄ講座	Excel&Word講座	
6		Microsoft 365	Ｍｉｃｒｏｓｏｆｔ　３６５	Microsoft 365	
7		ｴｸｾﾙ&ﾜｰﾄﾞ ｺｳｻﾞ	エクセル＆ワードコウザ	ｴｸｾﾙ&ﾜｰﾄﾞ ｺｳｻﾞ	

全角／半角を統一した例

● JIS関数・ASC関数の引数

　■ 文字列 …… 元になる文字列

　JIS関数と**ASC関数**の引数は1つだけです。JIS関数は引数に指定した文字列を全角に統一した結果を返し、ASC関数は半角に統一した結果を返します。全角⇔半角の変換対象は、数字・アルファベット・カタカナ・記号です。つまりは、全角と半角が用意されている文字であれば、全てが対象になります。Space キーで入力する「空白」も対象となります。

■ データを統一する基礎としてまずは全角／半角を統一する

　なんらかの集計を行うためにデータを持ち込んだ場合には、意図通りにデータが集計されるよう、**データの洗浄／クレンジング**（表記の違いを統一したり、正しい値へと修正する作業）作業が必要になります。**全角／半角の統一は、この洗浄作業の基礎となる処理**です。

　まず、全角か半角に統一しておけば、以降の洗浄は統一した形式をベースに行えるからです。統一していない場合、「『EXCEL』を『Excel』に修正」という半角ベースの洗浄と、「『Ｅｘｃｅｌ』を『Excel』に修正」という全角ベースの洗浄を用意する手間がかかりますが、最初に統一しておけば片方だけで済みます。

● JIS 関数／ASC 関数で全角／半角に統一

　次図ではB列の値を、JIS関数で全角に、ASC関数で半角に統一しています。

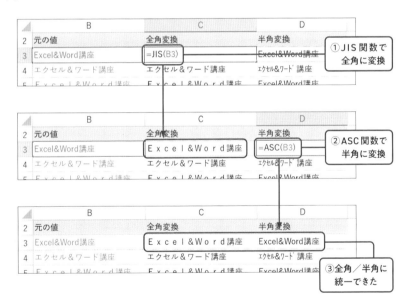

　ひらがなや漢字のような元々全角しかない文字はそのままに、全角／半角の両方がある英数字やカタカナは表記が統一されていますね。

Lesson 47

データの間違いを
一括修正・統一する

365・2021・
2019・2016・
2013対応

「株式会社」の表記を統一したり、「渡邊」と「渡辺」を
統一したりしたいんですけど……。

SUBSTITUTE関数で文字の置き換えをしていけば、表記の統
一ができますよ。

■ 表記を決まったルールで統一する　Sample 47_SUBSTITUTE関数等.xlsx

　「『エクセル』ではなく『Excel』に修正したい」「『株式会社』ではなく
『(株)』に統一したい」等、データの間違いや表記を修正・統一して揃えたい
場合には、**SUBSTITUTE関数**が便利です。

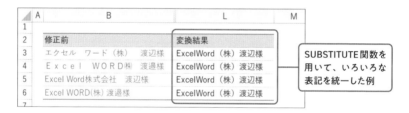

SUBSTITUTE関数を
用いて、いろいろな
表記を統一した例

● SUBSTITUTE関数の引数

- 文字列 …………ベースの文字列
- 検索文字列……置換したい文字列
- 置換文字列……検索文字列の代わりとして置換する文字列
- [置換対象]……検索文字列が複数見つかった場合、何番目を置換するか
　　　　　　　　を指定。省略時は全ての対象が置換される

　修正や統一の用途に利用する場合には、修正したい文字列を指定し、さら
に、「この文字を置換したい」という文字列を検索文字列として指定し、「こ
の文字に置換したい」という文字列を置換文字列として指定します。

代わりの文字（サブの文字）に置換するから「SUB」
STITUTEと覚えると覚えやすいです。

■ 置換処理を重ねて独自の洗浄の仕組みを作成

　B列のデータを洗浄する仕組みを、**SUBSTITUTE関数**を使って作成してみましょう。まずは下準備として、C列に**ASC関数**（P.124）でB列の値を半角に統一した値を作成しておきます。

● 1列ずつ置換を行う関数を作成していく

　D列に**SUBSTITUTE関数**を利用し、C列の値に対して、「エクセル」を「Excel」に置換した結果を作成します。以下、E列、F列と修正したい項目を1つずつ置換する関数を入力していきます。これを修正したい項目の数だけ繰り返せば完成です。

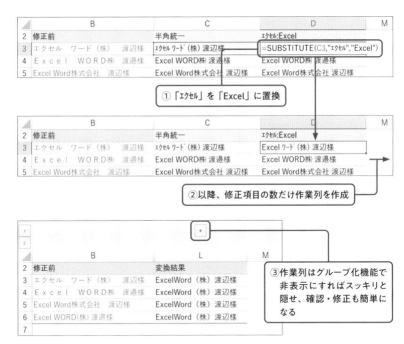

　関数を入れ子にしてもいいですが、修正項目が増えるにつれ、入れ子の階層が深くなり、管理が大変になります。それよりは、1つずつ作業列に分け、グループ化機能で隠す仕組みを用意する（P.78）方がお勧めです。

> **Tips　REDUCE関数で一括置換も可能**
>
> Microsoft 365版など**REDUCE関数**が利用できる環境では、作業列を利用せずに一括変換する式も作成できます。詳しくは、P.216を参照して下さい。

Lesson 48

WebやPDF由来の「謎スペース」を除去

365・2021・
2019・2016・
2013対応

 Webからコピーしてきたデータの中に、関数だと消せないスペースがあるんですけど？

 ノンブレークスペース等の制御文字かもしれませんね。確認方法と対処方法を見ていきましょう。

■ Excel上では表示されない文字を捕捉する `Sample 48_UNICODE関数等.xlsx`

　Webからコピーしてきたデータの中には「見かけ上はスペース（空白文字列）に見えるけど、**SUBSTITUTE関数**等でスペースを置換しようとしても消えない文字」が混入している場合があります。

　この謎のスペースの正体は、多くの場合、「NBSP（ノン・ブレーク・スペース／途中で改行されないようにするための制御文字)」等の**制御用の文字**です。このような文字を捕捉して関数内で取り扱う際には、文字コードセットの値ベースで文字を扱う方法を押さえておくと便利です。関数としては、**UNICODE関数**と**UNICHAR関数**等を利用します。

特殊な文字と文字コードの例

	A	B	C	D	E	F
1						
2		特殊文字	例	文字数	UNICODE関数の結果	UNICHARで置換
3		NBSP	ABC DEF	7	160	ABCDEF
4		ENSP	ABC DEF	7	8194	ABCDEF
5		EMSP	ABC DEF	7	8195	ABCDEF
6		THINSP	ABC DEF	7	8201	ABCDEF
7		絵文字	ABC♥DEF	8	128155	ABCDEF

● UNICODE関数の引数

- 文字列 …… ユニコードの値を知りたい文字列

● UNICHAR関数の引数

- 数値 ……… 出力したい文字のユニコードの値

文字コードセットの値ベースで文字を捕捉する

「謎のスペース」等の通常入力しにくい文字は、文字コードセットに応じて個々の文字に割り当てられている値で指定した方が扱いやすくなります。文字コードセットはいくつか種類がありますが、多くの場合、シート上で扱いにくい文字は**ユニコード**（Unicode）で扱うのが扱いやすいでしょう。

● UNICODE関数でユニコードの値を取得

任意の文字のユニコードの値を得るには、**UNICODE関数**の引数に、値を知りたい文字列を指定します。例えば、「=UNICODE("NBSPのスペース")」は「160」を返し、「=UNICODE("♡")」という絵文字の場合は、「128155」を返します。

つまりは、「謎の文字列」を**UNICODE関数**で調べれば、ユニコードの値が得られるわけですね。

● UNICHAR関数でユニコードの値に応じた文字を出力

任意のユニコードの値を指定し、対応する文字を得るには**UNICHAR関数**を利用します。**UNICODE関数**の逆ですね。「=UNICHAR(160)」は「NBSP」を返し、「=UNICHAR(128155)」は「♡」を返します。

● ユニコードベースで謎スペースを取り除く

この仕組みを使えば、「謎スペース」等も関数で取り除きやすくなります。冒頭のサンプルでは**SUBSTITUTE関数**（P.126）を利用し、指定ユニコード値の文字を、空白文字列に置換することで取り除いています。

> **Tips** 16進数で指定したい場合はHEX2DEC関数を組み合わせる
>
> ユニコードの値を16進数で指定したい場合は、**HEX2DEC関数**を併用します。例えば、「1F49B」の文字は、「=UNICHAR(HEX2DEC("1F49B"))」で出力できます。

Lesson 49 ふりがなを取り出す

365・2021・
2019・2016・
2013対応

顧客名簿のふりがなを確認したい時、ふりがな表示だとちょっと見難くて不便なんですよね……。

PHONETIC関数を使えば、別のセルへとふりがなの内容のみを取り出せますよ。

■ 設定されているふりがなを取り出す　Sample 49_PHONETIC関数.xlsx

　セルに入力した内容にふりがなが設定されている場合、**PHONETIC関数**を利用すると、そのふりがな情報のみを別のセルへと取り出せます。

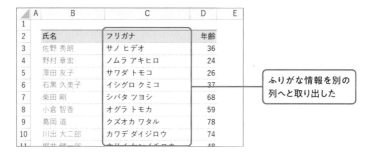

ふりがな情報を別の
列へと取り出した

● PHONETIC関数の引数

■ 参照……ふりがなを取り出したいセル

　引数はとてもシンプルで、ふりがなを取り出したいセルを指定するだけです。取り出されるふりがなは、[ホーム]-[ふりがなの表示／非表示]-[ふりがなの設定]の設定に従います。

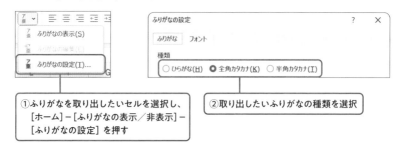

①ふりがなを取り出したいセルを選択し、
[ホーム]-[ふりがなの表示／非表示]-
[ふりがなの設定]を押す

②取り出したいふりがなの種類を選択

ひらがなの設定はセルごとに管理されている

ふりがなの仕組みをもう少し詳しく見ていきましょう。**ふりがなの情報や設定は、セルごとに管理**されています。ブックごとやシートごとに一括管理されているわけではありません。つまり、**設定を変更したい場合には、対象セルを選択してから、[ふりがなの設定]ダイアログで変更**します。

● となりの列にふりがな情報を表示

次図ではB列のセルからふりがな情報を取り出しています。ここでは、ふりがなの設定は「全角カタカナ」になっているため、取り出される値も全角カタカナとなります。

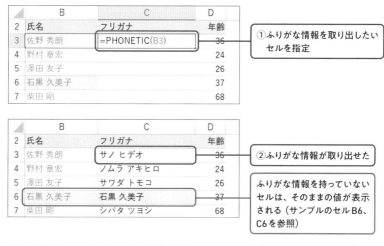

①ふりがな情報を取り出したいセルを指定

②ふりがな情報が取り出せた

ふりがな情報を持っていないセルは、そのままの値が表示される（サンプルのセルB6、C6を参照）

なお、指定セルがふりがな情報を持っていない場合は、そのままの値が表示されます。

Tips　ふりがな情報を自動作成するには

他のアプリ等からデータを貼り付けた場合などは、ふりがな情報はありません。この場合、セルを選択し、[ホーム]-[ふりがなの表示／非表示]-[ふりがなの編集]を選択すると、ふりがなを編集するモードへと移行します。この時、「ひょっとしてこの読み方ですか？」と、Excelが自動的にふりがな情報を作成してくれます。ふりがな情報を作成したい場合には、利用してみましょう。

また、逆にふりがな情報を消去したい場合には、セル範囲をコピーし、別の場所へと[数式]として貼り付けます（[値]でない点に注意）。すると、ふりがな情報を持たない値のみが貼り付けられます。

Lesson 50 別々のセルの値を まとめたテキストを作成

365・2021・2019対応

 分割入力されている住所を1つのセルへとまとめたいんですけど、&で繋ぐのが面倒で……。

 CONCAT関数を利用すれば、連結したいセル範囲をひとまとめにして指定できますよ。

■ 複数のセルの内容を1つに連結

Sample 50_CONCAT関数.xlsx

　複数セルの内容を連結して1つの値に連結するには、「=A1&B1…」と&演算子で愚直に連結していくこともできますが、数が多くなると式が見づらくなり、なにより手間がかかります。こんな場合には、**CONCAT関数**を利用すると、スッキリとした式で簡単に連結した値が得られます。

	A	B	C	D	E
1					
2		住所1	住所2	住所3	連結結果
3		東京都	文京区	後楽1-3-61	東京都文京区後楽1-3-61
4		東京都	新宿区	霞ヶ丘町3-1	東京都新宿区霞ヶ丘町3-1
5		神奈川県	横浜市	中区横浜公園	神奈川県横浜市中区横浜公園
6		愛知県	名古屋市	東区大幸南1-1-1	愛知県名古屋市東区大幸南1-1-1
7		兵庫県	西宮市	甲子園町1-82	兵庫県西宮市甲子園町1-82
8		広島県	広島市	南区南蠻屋2-3-1	広島県広島市南区南蠻屋2-3-1

3列に分けて入力されている内容を1つに連結

● CONCAT関数の引数

- テキスト1…………連結したい文字列、またはセル範囲
- [テキスト2…]……追加の文字列、またはセル範囲

● CONCATENATE関数の引数

- 文字列1……………連結したい文字列、または単一セル
- [文字列2…]………追加の文字列、または単一セル

　CONCAT関数の引数は複数指定可能です。引数に指定した文字列、もしくはセル範囲の内容を全て連結した結果を返します。

132

■ 指定セル範囲の内容を一気に連結

CONCAT関数は連結したい文字列、もしくはセル範囲を引数に指定します。セルに関しては、1つずつ指定しても構いませんし、範囲として指定してもOKです。例えば、セルA1,B1,C1の3つのセルであれば、次のどちらでも構いません。

```
= CONCAT(A1, B1, C1)
= CONCAT(A1:C1)
```

範囲を指定した場合は、左から右、上から下の順で連結されます。順番を指定したい場合は個別に指定していきましょう。

● 3列に入力された住所情報を連結

次図ではB列〜D列の3列の値を連結しています。とても手軽ですね。

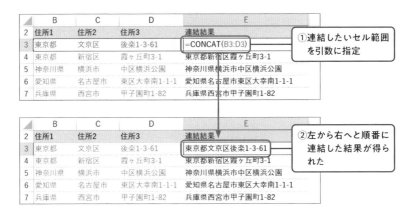

● Excel 2016以前はCONCATINATE関数で連結

便利な**CONCAT関数**ですが、**Excel 2019以降でのみ使用可能**です。2016以前は、**CONCATENATE関数**で連結します。こちらはセル範囲を一気に指定できないため、**1つひとつのセルを個々の引数に指定していく**形になります。

苗字と名前の間に スペースを入れて連結

365・2021・2019対応

苗字と名前が別のセルに入力されているんですけど、見やすく連結するのに便利な関数ってありますか？

TEXTJOIN関数ですね。指定した区切り文字を使って連結した結果を得られるんです。

■ 区切り文字を指定して連結

Sample 51_TEXTJOIN関数.xlsx

「苗字と名前を、間にスペースを入れて連結したい」「品番・型番・枝番をハイフンで連結したい」等、別々のセルに入力されている値を、決まったルールで連結した値が欲しい場合には、**TEXTJOIN関数**が便利です。

	A	B	C	D	E
1					
2		苗字	名前	氏名	
3		佐野	秀朗	佐野 秀朗	
4		野村	章宏	野村 章宏	
5		澤田	友子	澤田 友子	
6		石黒	久美子	石黒 久美子	
7		柴田	剛	柴田 剛	
8		小倉	智香	小倉 智香	
9		葛岡	道	葛岡 道	

別々の列に入力された苗字と名前の値を、スペースを入れて連結

● TEXTJOIN 関数の引数

- 区切り文字…………**連結する文字**
- 空の文字は無視……**TRUEで空白セルを無視、FALSEで対象に含める**
- テキスト1…………**連結したい文字列、またはセル範囲**
- [テキスト2]………**続きの連結したい文字列、またはセル範囲**

引数は、まず、区切り文字にセル同士の値を連結する際に利用したい文字を指定します。その後、2つ目の引数として空白セルの扱いを指定します。ここまで指定できたら、あとは連結したい値やセル範囲を列記していきます。

セルを指定する際は、単一セルだけでなく、セル範囲も指定可能です。その場合は、左から右、上から下の順で連結されます。

苗字と名前をスペースを入れて連結

TEXTJOIN関数はExcel 2019以降の環境でのみ利用できます。実際に式と結果を見てみましょう。

● 区切り文字を" "にして連結

次図では、「" "」(半角スペース)を区切り文字として、B列の「苗字」とC列の「名前」を連結しています。

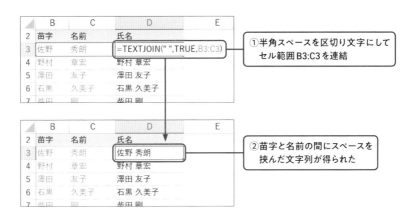

①半角スペースを区切り文字にしてセル範囲B3:C3を連結

②苗字と名前の間にスペースを挟んだ文字列が得られた

● 空白を無視して連結

次図では、「"-"」(半角ハイフン)を区切り文字として、空白セルを無視する設定で、F:H列の値を連結しています。

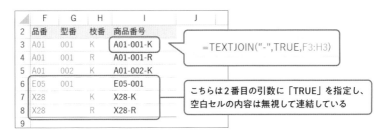

こちらは2番目の引数に「TRUE」を指定し、空白セルの内容は無視して連結している

Tips 「何番目の列なのか」の情報を残したい場合

空白を無視して連結した場合、空白セルが含まれているとその分だけ結果の区切り文字の数が減ります。スッキリするのですが、反面、残った値が何番目の列の値なのかという情報は失われます。この情報を残したい場合は、対象に含めて連結しましょう。

数値に特定書式を適用して品番や価格札を作成

数値のまま扱いたいけど、レポート用には書式を変更したいデータがたくさんあって困ってるんです。

TEXT関数で書式を適用した表を用意するのがお勧めです。いろいろな表記を適用できますよ。

数値にいろいろな書式を適用する

`Sample 52_TEXT関数.xlsx`

「伝票番号の頭に取引月や取引先名を付けたい」「価格を4桁区切りにして末尾に『円』を付けたい」等、数値データを元に、見やすく区切り位置を付けたり、分かりやすく捕捉情報を付加したい場合には、**TEXT関数**が便利です。**TEXT関数**は、値に対して指定した書式を適用した結果を得られます。

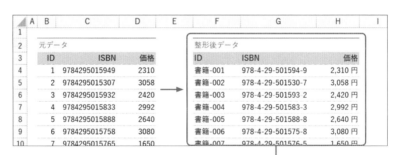

数値に書式を適用して見やすくした
別表を用意した例

● TEXT 関数の引数

- 値……………元となる値
- 表示形式……適用する表示形式

TEXT関数は、値に表示形式の書式を適用した結果を返します。この書式は、[セルの書式設定]機能で指定できる書式とほぼ同じです(色付けルール等は利用できません)。

書式には、次ページのプレースホルダー文字が利用でき、それらを組み合わせることで数値の表記を指定していきます。

■ プレースホルダー（場所取り用文字）を使って書式を指定

　プレースホルダー文字とは「場所取り」用の文字です。一連の書式の中で「後でここに数値を当てはめるから空けておいて！」という場所を指定しておき、それに実際の値をはめ込んだ結果を返す仕組みです。

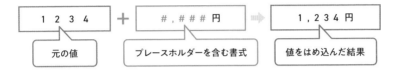

● 数値に対してよく使うプレースホルダー文字

文　字	意　味
#	1桁の数値。指定桁数に満たない場合は0埋めなし 「1」に「###」適用で「1」になる
0	1桁の数値。指定桁数に満たない場合は0埋めあり 「1」に「000」適用で「001」になる
,	3桁区切り
.	小数点区切り
%	%表示
¥、$	数値の先頭に¥（円）、$（ドル）マークを付ける
/	分数表示
[DBNum1]	漢数字にする。DBNum1〜DBNum3まである
;	正の値と負の値で書式を変更する際の区切り
[条件式] 書式;	条件によって書式を変更する際の区切り
_	直後の文字の幅だけスペースを空ける 正負の表記の数値の位置揃えなどに利用
!	直後のプレースホルダー文字を普通の文字として扱うエスケープ文字

　下図では、**TEXT関数**を使って数値に対して様々な表示形式を適用した結果を表示しています。

	B	C	D	E	F	G	H
2	元の数値	表示形式	TEXT関数の結果		元の数値	表示形式	TEXT関数の結果
3	1234	00000	01234		10	↑_(0_);↓_(0)	↑ 10
4		#,# 円	1,234 円		-10		↓(10)
5		0,千円	1千円		102030	[DBNum1]	十万二千三十
6		品番 ##-##	品番 12-34			[DBNum2]	壱拾萬弐阡参拾
7							

TEXT関数を使った様々な表示形式への変換

Lesson 53 日付をいろいろな表記で表示する

365・2021・
2019・2016・
2013対応

西暦で管理している日付をレポートでは和暦で表記しなくちゃいけなくて大変なんです。

日付シリアル値で管理しているなら、TEXT関数で書式を適用してしまえば簡単ですよ。

■ 日付にいろいろな書式を適用する 〔Sample 53_日付値の表記.xlsx〕

「日付を和暦で表示したい」「日時を漢数字で表示したい」「日付を元に8ケタの連番が欲しい」等、日付値を元にして何かしらの値が欲しい場合にも、**TEXT関数**（P.136）が利用できます。

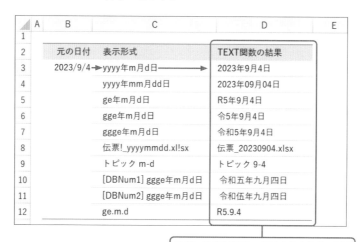

	A	B	C	D	E
1					
2		元の日付	表示形式	TEXT関数の結果	
3		2023/9/4→	yyyy年m月d日─────→	2023年9月4日	
4			yyyy年mm月dd日	2023年09月04日	
5			ge年m月d日	R5年9月4日	
6			gge年m月d日	令5年9月4日	
7			ggge年m月d日	令和5年9月4日	
8			伝票!_yyyymmdd.xl!sx	伝票_20230904.xlsx	
9			トピック m-d	トピック 9-4	
10			[DBNum1] ggge年m月d日	令和五年九月四日	
11			[DBNum2] ggge年m月d日	令和伍年九月四日	
12			ge.m.d	R5.9.4	

日付に書式を適用して様々な値を作成した例

● シリアル値であれば日付や時刻用のプレースホルダー文字が使用可能

TEXT関数は、1番目の引数に指定した値に、2番目の引数に指定した表示形式を適用した結果を返します。この時、値がシリアル値であれば、シリアル値用のプレースホルダー文字が利用できます。つまり、年月日や時分秒の値を、任意の場所に「はめ込んだ」値が作成できます。

この仕組みを利用すれば、シリアル値を元に様々な表記の値が得られます。

■ シリアル値の情報をはめ込んで利用する

シリアル値には、以下のプレースホルダー文字が利用可能です

● よく使う日付のプレースホルダー文字

文　字	意　味
yyyy	「年」を表す 「yyyy」で4ケタの西暦、「yy」で西暦の下2桁
m	「月」を表す。「mm」と重ねると0で埋める
d	「日」を表す。「dd」と重ねると0で埋める
a	「曜日」の日本語表記を表す 「aaaa」で「月曜日」、「aa」で「月」等の短縮形
ddd	「曜日」の英語表記を表す 「dddd」で「Monday」、「ddd」で「Mon」等の短縮形
e	「年」の和暦を表す
ggg	「年号」を表す 「ggg」で「令和」、「gg」で「令」、「g」で「R」
!	直後のプレースホルダー文字をエスケープする

● よく使う時刻のプレースホルダー文字

文　字	意　味
h	「時」を表す
m	「分」を表す。月の「m」と同じだが、「h:mm」等の形で指定することで「分」の値がはめ込まれる
s	「秒」を表す
[h]/[m]/[s]	「経過時分秒」を表す [h] で「28時間」等、[m] で「160時間」等

日付の基本は「y」「m」「d」で「年・月・日」、時刻の基本は「h」「m」「s」で「時・分・秒」です。曜日の情報や和暦としての情報も取り出せますので、適宜、欲しい表記に合わせて組み合わせて利用していきましょう。

好みの表記にするだけでなく、「日付を元にしたファイル名の作成」や「日付に変換されてしまった『1-1』などの値を元に戻す」際にも活用できますね。

> **Tips** 「元年」表記の指定
>
> 年号の初年度を「1年」ではなく「元年」と表記できるバージョンでは、書式[$-ja-JP-x-gannen]で元年表記も可能です。次の関数は「令和元年5月1日」を返します。
> =TEXT("2019/5/1","[$-ja-JP-x-gannen]ggge年m月d日")

Lesson 54 カタカナだけを全角に変換する

365・2021・
2019・2016・
2013対応

昔のデータの商品番号が全部半角なんです。カタカナ
だけを全角にしたいんですけど……。

ふりがなの仕組みをうまく利用すれば、英数字は半角のまま、
カタカナだけを全角に変換できますよ。

■ 英数字とカタカナが混在した データの表記を整える

Sample 54_カタカナだけを全角.xlsx

英数字とカタカナが混在したデータを扱う際、全て全角、もしくは半角に
揃えるには**JIS関数**や**ASC関数**（P.124）を利用すれば良いのですが、**カタカ
ナのみを全角**にするにはどうすれば良いでしょうか。その手順を見ていきま
しょう。

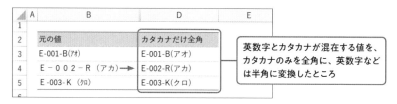

英数字とカタカナが混在する値を、
カタカナのみを全角に、英数字など
は半角に変換したところ

● まずはASC関数で半角に揃える

まず、**ASC関数**ですべて半角に揃えます。

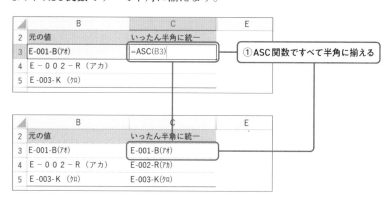

①ASC関数ですべて半角に揃える

● ASC関数の結果を値のみ貼り付け

続いて、ASC関数の結果を［値］のみ貼り付け（P.112）して確定します。

● PHONETIC関数でふりがなを表示

最後に、**PHONETIC関数**（P.130）で確定した半角に統一された値のセルの
ふりがなを表示します。

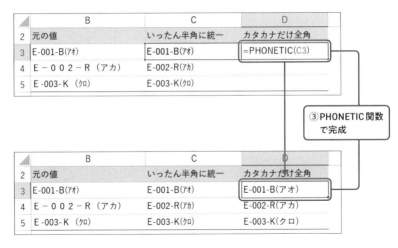

すると、半角カタカナの部分は、**セルのふりがな設定**（P.130）に従った形
式でふりがなが表示されます。この時、ふりがなの形式を「全角カタカナ」
にしてあれば、全角カタカナで表示されます。また、英数字の箇所はふりが
ながないので、そのままの値が表示されます。

結果として「カタカナのみ全角」の値が得られます。変換後の値を確定し
たい場合は、さらに［値］のみ貼り付けましょう。

> **Tips** PHONETIC関数の引数は「セル参照」
>
> PHONETIC関数は引数に設定した「セル」のふりがなを表示するため、
> 「=PHONETIC（ASC（セル番地））」という形では機能しません。ASC関数の結果
> をいったん確定する処理が必要になってきます。

CSVや配列形式で書きだす準備をする

他のアプリにExcelのデータを持っていくのに「CSVか配列の形式で」と言われたんですけど、どうすれば？

ARRAYTOTEXT関数を利用すれば、渡したい箇所だけを簡単に加工できますよ。

■ シートの内容をカンマ区切りのデータに加工

Sample 55_ARRAYTOTEXT関数.xlsx

　他のアプリ等からデータを持ってくるのとは逆に、Excel側のデータを渡す作業の際には、**CSV形式**（カンマ区切りテキスト）でデータを作成したいケースがあります。地道に加工しても良いのですが、**Microsoft 365版**であれば、**ARRAYTOTEXT関数**で簡単に目的のデータが作成可能です。

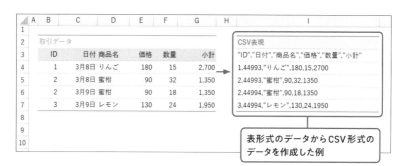

表形式のデータからCSV形式のデータを作成した例

● ARRAYTOTEXT関数の引数

- 配列 ……… 元となるセル範囲
- ［書式］…… 文字列の作成ルール。［0］で簡潔、1で正確

　ARRAYTOTEXT関数は、セル範囲のデータを、持ち運びやすいように決まったルールで文字列化します。いわゆるシリアライズ用の関数ですね。

　シリアライズしたいセル範囲は配列で指定し、そのルールは書式で指定します。ルールは「簡潔」ルールと「正確」ルールの2種類が用意されています。

■ セル範囲の値をシリアライズ

「簡潔」ルールでは、指定セル範囲の値をカンマ区切りで連結した文字列を作成します。順番は、「左から右」「上から下」です。

「正確」ルールでは、「文字列はダブルクォーテーションで囲む」「列方向はカンマ区切り」「行方向はセミコロン区切り」「全体を波カッコで囲む」と、そのまま関数式でも利用できる配列表現でシリアライズします。

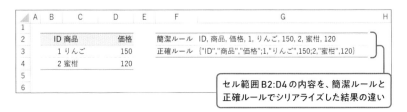

セル範囲B2:D4の内容を、簡潔ルールと正確ルールでシリアライズした結果の違い

● 「正確」ルールでシリアライズして波カッコを消去

ARRAYTOTEXT関数を利用して、任意のセル範囲のデータをCSV形式に変換してみましょう。まず、行単位で「正確」ルールでシリアライズします。

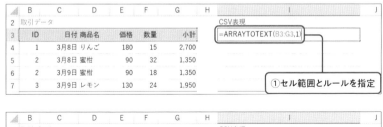

①セル範囲とルールを指定

②シリアライズした文字列が得られた

得られた結果文字列から**SUBSTITUTE関数**（P.126）等で「{」と「}」の波カッコを消去すれば完成です。後はテキストエディタ等にコピーして保存するか、直接データを持ち込みたいアプリへとコピーして利用しましょう。

Excelで採用されている配列表現をそのまま利用できるアプリへデータを持ち込みたい場合は、行ごとではなく、セル範囲全体を一気にシリアライズして持ち込んでもOKですね。

名前機能で数式内の固定値を整理整頓

Excel には、セルや値に「名前」を付けて数式内で利用できる機能が用意されています。方法は簡単で、セルを選択し、シート左上の［名前ボックス］に任意の名前を入力するだけです。

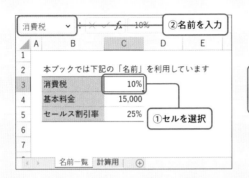

「名前」と値はブックの1枚目のシートでまとめて定義する、というルールで運用している例

例えば、セル C3 に「10%」と入力した状態で「消費税」と名前ボックスに入力すれば、「消費税」という名前で「0.1（10%）」という値が扱えるようになります。「=100* 消費税」という式は「10」という結果を返します。

また、ブック内に登録した「名前」は、［ホーム］−［数式］−［名前の管理］から確認／編集できます。

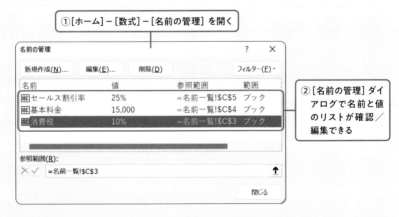

①［ホーム］−［数式］−［名前の管理］を開く

②［名前の管理］ダイアログで名前と値のリストが確認／編集できる

大変便利な機能なのですが、乱用すると逆に整理がつかなくなることもあります。「名前」は1枚目のシートでまとめて定義する、等のルールを決めて運用していきましょう。

第 6 章

注目データを
見つける関数

大量のデータが並んでいる商品リスト
から好きな商品だけ抜き出したり、担当
者ごとに抽出したりするにはどうした
ら効率よいですか?

蓄積したデータから必要なものを探した
り目立たせる関数を見ていきましょう。
テーブル形式をベースにスタートするの
がポイントです。

テーブル形式の
データのおさらい

365・2021・
2019・2016・
2013対応

せっかく集めてきたデータがうまく計算できないんですけど、コツとかあるんでしょうか?

「テーブル形式」で整理するのがお勧めです。いろいろな機能や関数を扱う基本の形式なんです。

■ テーブル形式のデータとは

Sample 56_テーブル形式.xlsx

　ある程度の量のデータを扱う際の基本は、データを「テーブル形式」の表として整理することです。Excelの基本機能や関数の多くは、データがテーブル形式であることが前提となって作成されています。いろいろな分析や加工を行いたいのであれば、まずはテーブル形式に揃えてから行いましょう。

	ID	受注日	担当	商品名	価格	数量	小計
		明細一覧					
	1	12月1日	水田	グリーン	400	19	7,600
	2	12月1日	水田	ゴーダ	450	26	11,700
	3	12月1日	檜	ゴーダ	450	95	42,750
	4	12月2日	水田	パルメザン	300	52	15,600
	5	12月2日	中山	パルメザン	300	43	12,900
	6	12月2日	檜	ブッラータ	1,000	59	59,000
	7	12月3日	檜	ブッラータ	1,000	42	42,000
	8	12月3日	中山	ビール	280	89	24,920
	9	12月4日	檜	モッツァレラ	350	67	23,450
	10	12月4日	檜	ゴーダ	450	69	31,050

テーブル形式で整理されたデータ。列見出しに応じたデータが1行ごとに1かたまりで入力されている

● テーブル形式の表の特徴

　テーブル形式のデータのルールの基本は、

- ①1行で1かたまりのデータ
- ②1列ごとに1つのデータ

です。また、多くの場合はデータの分かりやすさのために、

- ③先頭行は列ごとのデータが何なのかを示す「列見出し」

が作成されています。

■ テーブル形式の表とそうでない表

　テーブル形式は、「1行で1かたまり」の形式です。詳しく言うと「**1行分のデータで、完全に1つの独立した項目を表している形式**」です。

● 見た目は分かりやすいけど集計しにくい表

　下図の左の表は、きれいに整理整頓されていますね。目で見る分には2人の「担当」ごとにデータが整理されているのだな、と分かります。

　しかし、これはテーブル形式ではありません。各「担当」の先頭行以外は「担当が（空白）な状態のデータ」として判断されます。

▲	A	B	C	D	E	F	G	H
1								
2		テーブル形式ではない表				テーブル形式に修正した表		
3		担当	商品	数量		担当	商品	数量
4		水田	クリーム	954		水田	クリーム	954
5			グリーン	290		水田	グリーン	290
6			ゴーダ	110		水田	ゴーダ	110
7			モッツァレラ	130		水田	モッツァレラ	130
8		櫓	クリーム	85		櫓	クリーム	85
9			グリーン	47		櫓	グリーン	47
10			ビール	79		櫓	ビール	79
11			ブッラータ	133		櫓	ブッラータ	133
12								

「1行で1かたまり」でないとテーブル形式として扱えない

　テーブル形式の「1行で1かたまり」ルールに従うと、右の表のようになります。この形式であれば、並べ替えや集計を行った際も、2人の「担当」ごとのデータとして扱えます。左の表の場合は、「水田」「櫓」「（空白）」の3人の「担当」ごとのデータという扱いになってしまいます。

● 集計・加工は、テーブル形式→最終的な表の作成の流れが基本

　ここで注意して欲しいのは、**左の形式の表を作成するのが悪いと言っているわけではない**点です。だって、見やすいですものね。でも、関数等でデータを集計・分析するのには向いていないのです。

　集計・分析に向いている表と、見せるのに向いている表は違う、というだけです。集計・分析を行いたい段階であれば、まずはテーブル形式の表にデータを整理していきましょう。そして結果が出たら、その値を使って「見やすい」表へと加工していきましょう。いきなり「見やすい」表を作ろうとすると、複雑な関数式を駆使する大変な作業になりがちです。

■「テーブル機能」という機能もある

テーブル形式でデータを整理整頓することはあまりにも基本的かつ大切なので、専用の「テーブル」という機能も用意されています。

● テーブル範囲へ変換

テーブル機能はテーブル形式でデータが入力されているセル範囲を「テーブル」として扱えるようにする機能です。

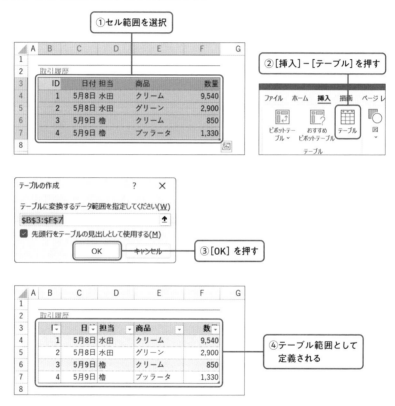

セル範囲を選択して［挿入］−［テーブル］で、選択セル範囲が「テーブル」として定義されます。また、この時、自動的に書式やフィルター矢印も追加されますが、テーブル内の任意のセルを選択し、［テーブルデザイン］タブの**オプション項目**や、**テーブルスタイル**で見た目を変更できます。

既に設定していた書式を使いたい場合は、**テーブルスタイルの一番下の**［クリア］を選びましょう。

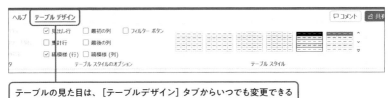

テーブルの見た目は、[テーブルデザイン] タブからいつでも変更できる

● テーブル名と構造化参照

テーブル範囲には、[テーブルデザイン] タブで**テーブル名**が付けられます。

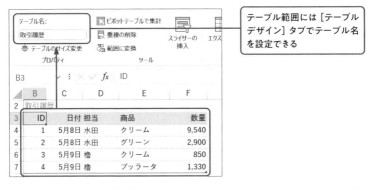

テーブル範囲には [テーブルデザイン] タブでテーブル名を設定できる

このテーブル名は、「**構造化参照**」という、テーブルの各部分を参照するための特殊な式でも参照可能となります。

● テーブル名による参照

構造化参照式	参照箇所
テーブル名	テーブルの見出しを除くデータセル範囲全体
テーブル名 [#すべて]	テーブル範囲全体
テーブル名 [#見出し]	フィールド見出し範囲
テーブル名 [列名]	対応列のデータ範囲

例えば、「取引履歴」とテーブル名を付けた場合は「=取引履歴」でテーブルの見出しを除くデータ範囲が参照できます。「=SUM(取引履歴[数量])」で、「数量」列の合計が得られます。

構造化参照でセル範囲を指定できるようになる

=SUM(取引履歴[数量])

構造化参照により、「何を計算しているのか」がわかりやすくなりますね。また、注目したいのは「$F$4:$F$7」等の固定したセル参照が必要なくなる点です。構造化参照は「テーブル範囲のどこか」という形でセル参照を指定するため、**テーブルのデータが増減しても構造化参照の式は変更の必要がありません。**

　「新しいセル範囲はどこからどこまでだっけ？」と気にすることなく関数式を作成できるのはとても快適です。活用していきましょう。

● 新たなデータを入力するとテーブル範囲も自動拡張してくれる

　また、テーブル範囲は、新たにデータを追加した際、自動的にテーブル範囲を拡張してくれます。データ数が増減するタイプのデータを扱う際でも、構造化参照を使った式や、列ごとの書式を再設定する必要がなくなるため、非常に便利ですね。

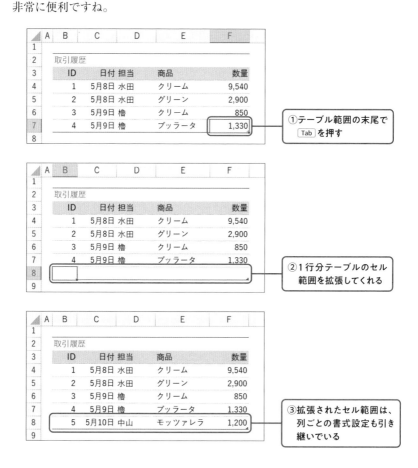

範囲を自動拡張しながら新規データを入力する際の基本操作は、テーブル範囲の末尾のセルの右端を選択し、[Tab] を押します。すると、1行分テーブル範囲が拡張するので、データを入力・貼り付けしていきます。貼り付けの際には、複数行分のデータをまとめて貼り付けても構いません。

　また、手動でテーブル範囲を更新するには、[テーブルデザイン] タブ内の [**テーブルのサイズ変更**] ボタンを利用して、テーブル範囲を再設定することも可能です。

手動で再設定するには、[テーブルのサイズ変更] ボタンを押す

解除したい場合は [範囲に変換] ボタンを押す

● 構造化参照式は自動入力してくれる

　テーブル機能を利用している際には、関数式を作成中、**構造化参照式で参照できるセル範囲を選択した場合、自動的に構造化参照式で入力**されます。この設定は、[ファイル]−[オプション]−[数式] 欄の [**数式でテーブル名を使用する**] 項目でオン/オフを切り替えられます。

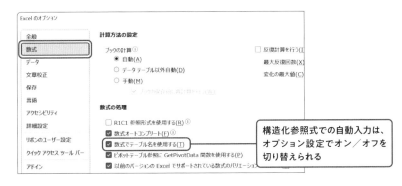

構造化参照式での自動入力は、オプション設定でオン/オフを切り替えられる

Tips　「ユニークな値」の列を用意する

テーブルの列には1つ「他のデータと区別ができる重複しない値（ユニークな値）」の列を用意しておくのがお勧めです。例えば「伝票番号」や「社員ID」等です。ユニークな値の列がないと「たまたま同じ組み合わせになったデータ」の区別が付かなくなってしまうのです。

また逆に、ユニークな値の列なのに、重複する値が見つかった場合は、伝票の二重入力など、なんらかのミスが起きた可能性がわかります。

その他、基本的な並べ替え順序に利用したりと、あるととても便利な仕組みなのです。

365·2021
対応

Lesson 57 金額順や担当順に並べ替えて表示

集めてきたデータを見やすくしたいんですけど、何から始めたらいいのか……。

まずは注目したい項目をキーに並べ替えてみましょう。関連データが並んで見やすくなりますよ。

■ 並べ替えた結果を取得する

Sample 57_SORT.xlsx

Microsoft 365、Excel 2021以降の環境で、テーブル形式のデータを、特定の列をキーに（基準に）並べ替えるには、**SORT関数**が便利です。指定列で並べ方結果を配列形式で出力してくれます。

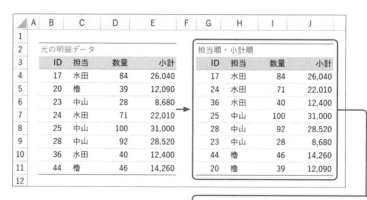

担当ごとのデータを見やすいようにソートした例

● SORT関数の引数

- 配列 ……………………… ソートしたいセル範囲
- [並べ替えインデックス] …… 基準インデックス番号や番号の配列
- [並べ替え順序] ……………… 昇順は「1」（既定）、降順は「-1」で順序を指定
- [並べ替え基準] ……………… 列方向は「TRUE」、行方向は「FALSE」（既定）でソート方向を指定

必須の引数は1つだけです。並べ替え（ソート）したいセル範囲を配列に指定すれば、先頭の列を昇順で並べ替えた結果を返します。

注目したい列をキーにしてソート

注目したい列や昇順/降順の並べ替えルールを指定するには、2つ目以降の引数を指定します。

●「担当」「小計」列をキーにソート

次図では、セル範囲B4:E11の内容を、「2列目と4列目」をそれぞれ「昇順、降順」ルールでソートした結果を出力します。

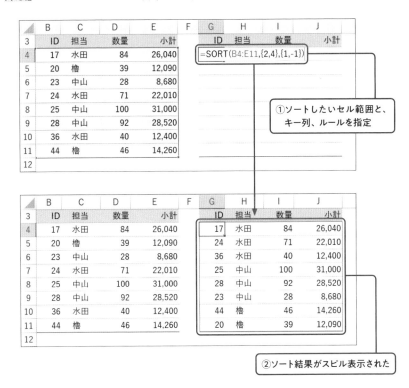

並べ替えインデックスに指定するキー列は、単体なら「2」等、配列の**相対的な列番号**で指定します。複数列を指定したい場合は、**優先度の高い順に「{2,4}」等の配列形式で指定**します。

並べ替え順序も同じく、単体であれば「1(昇順/小さい順)」もしくは「-1(降順/大きい順)」で指定し、並べ替えインデックスに複数列を指定した場合は、同じ順番で各列の並べ替えルールを「{1,-1}」等の配列形式で指定します。

ソート結果は配列の形で返るため、スピル形式(P.22)で表示されます。

Lesson 58 ランク順やシャッフルした並べ替え結果を表示

365・2021
対応

 ソート結果を表示したいんですけど、ソートに使った列は表示しないようにできますか?

 それならSORTBY関数が便利ですよ。ソート範囲と並べ替えの基準列を別々に指定できるんです。

■ 並べ替え用の列を結果に含めずに出力する `Sample 58_SORTBY.xlsx`

Microsoft 365、Excel 2021以降の環境でソートする場合、**SORTBY関数**を利用すると、並べ替えのルールをより柔軟に指定してソートできます。次図では、**SORTBY関数**を利用して、「数量順」「逆順」「シャッフル」と、結果の表には含まれていない要素を基準にソートし、表示しています。

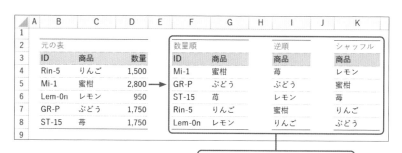

結果の列にない要素を元にソートした

● SORTBY関数の引数

- 配列 ································· ソートしたいセル範囲
- [基準配列1] ··············· 並べ替え基準となる配列やセル範囲
- [並べ替え順序1]········· 昇順は「1」（既定）、降順は「-1」で順序を指定
- [基準配列2…] ············ 2つ目以降の並べ替え基準の配列やセル範囲
- [並べ替え順序2…]······ 2つ目以降の並べ替えルール

SORTBY関数の基本の引数は3つです、結果として表示したいデータのあるセル範囲、並べ替え基準の範囲、そして、並べ替えルールです。

■「数量」順にソートして「ID」「商品」だけ表示

次図は、セル範囲B4:B8を、対応するセル範囲D4:D8を降順（大きい順）で
ソートした結果と同じ並びになるようにソートします。

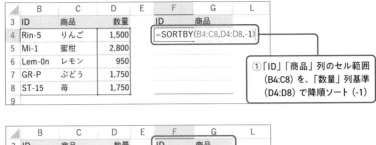

①「ID」「商品」列のセル範囲
（B4:C8）を、「数量」列基準
（D4:D8）で降順ソート（-1）

②「数量」列基準で降順ソート
した結果が表示できた

結果として「ID」「商品」列のデータを、「数量」列の値を元にソートでき
ましたね。**SORT関数や並べ替え機能**では、ソート結果内にキーとなる列が
含まれている必要がありますが、**SORTBY関数**は結果に含めずにソートでき
ます。並べ替え用の作業列を含めずにソートできるわけですね。

● 逆順表示やシャッフル表示も可能

連番の配列を返す**SEQUENCE関数**（P.202）や、ランダムな値の配列を返す
RANDARRAY関数（P.203）を基準配列1に指定すれば、逆順ソートや、ランダ
ムにシャッフルした結果等も簡単に作成できます。

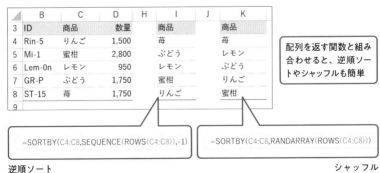

配列を返す関数と組み
合わせると、逆順ソー
トやシャッフルも簡単

=SORTBY(C4:C8,SEQUENCE(ROWS(C4:C8)),-1)

逆順ソート

=SORTBY(C4:C8,RANDARRAY(ROWS(C4:C8)))

シャッフル

Lesson 59

特定商品に注目して
データを抽出表示する

365・2021
対応

テーブル形式のデータから特定商品のものだけをピックアップして転記したいんです。

それならFILTER関数が便利ですよ。抽出条件を指定して抽出した結果を表示できるんです。

■ 抽出結果のみを別途表示する

Sample 59_FILTER.xlsx

Microsoft 365、Excel 2021以降の環境で、フィルター機能のように抽出を行った結果を表示したい場合は、**FILTER関数**が利用できます。抽出の元となるデータはそのままに、必要な列のデータのみを別の場所へと表示可能です。

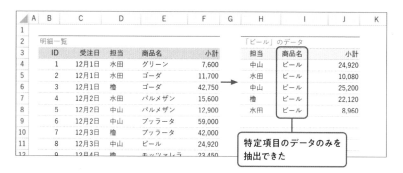

● FILTER関数の引数

- 配列 ……………… **抽出したいデータの範囲**
- 含む ……………… **抽出条件**
- [空の場合] …… **該当データがなかった場合に表示する文字列**

FILTER関数の引数は3つです。まずは抽出の大元となるデータを配列に指定し、抽出の条件を含むに指定します。「含む」という引数名ですが「含まない」「以上」「以下」などの抽出条件も指定可能です。

最後に、抽出条件を満たすデータがない場合に表示したい文字列があれば空の場合に指定します。省略時はデータがない場合、「#CALC!」エラー値が表示されます。

■ 抽出条件を満たすデータのみを表示

FILTER関数は、関数式を入力したセルを起点として、結果の配列を**スピル形式**（P.22）で表示します。

● 条件式は「範囲＝値」や「範囲＜値」で指定

次図では、セル範囲D4:F51のデータを、E列の値が「ビール」という抽出条件で抽出した結果を表示します。

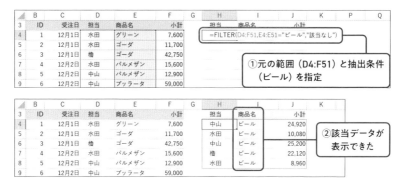

抽出条件は、「セル範囲＝値」や、「セル範囲<>値」、「セル範囲＜値」等の形式で指定します。

● 複数条件を指定するには

2つ以上の抽出条件を指定する場合は、AND条件であればそれぞれの条件式を乗算し、OR条件であれば加算した結果を含むに指定します。

● 複数条件の指定

条 件	例	意 味
AND条件	（条件1）＊（条件2）	条件1と条件2を両方満たす
OR条件	（条件1）＋（条件2）	条件1と条件2のいずれかを満たす

上の表で言えば、「(D4:D51="中山")*(E4:E51="クリーム")」は「担当が中山、かつ、商品がクリーム」となり、「(D4:D51="水田")+(D4:D51="中山")」は、「担当が水田、もしくは、中山」という条件となります。

> **Tips** 結果を見やすくするにはSORT関数と組み合わせる
> 抽出結果を見やすくするには、**SORT関数**（P.152）と組み合わせましょう。

Lesson 60 重複を取り除いた データを表示する

365・2021
対応

 明細データで取り扱っている商品だけの一覧表を作る のに便利な関数ってないでしょうか?

UNIQUE関数ですね。重複を取り除いたリストや、一意の値の リストが簡単に作成できますよ。

■ 扱っているデータのみからなるリストを取得 〔Sample 60_UNIQUE.xlsx〕

　Microsoft 365、Excel 2021以降の環境では、**UNIQUE関数**を使うことで重複を取り除いたリストや一意の値のリスト（ユニークな値のリスト）が得られます。大量のデータ内で扱っている「商品のみ」からなるリストを作成したり、担当者の一覧リストの作成がとても簡単になります。

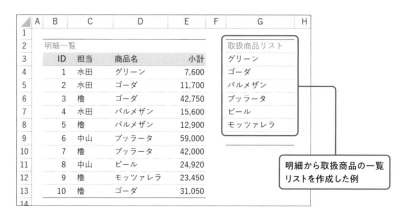

明細から取扱商品の一覧 リストを作成した例

● UNIQUE関数の引数

- 配列 ……………元となるデータの範囲
- [列の比較]……TRUE：列単位で比較、FALSE：行単位で比較（既定）
- [回数指定]……TRUE：一意ルール、FALSE：重複削除ルール（既定）

　UNIQUE関数は、配列に指定したセル範囲のデータから、列の比較で指定した単位で、回数指定に指定したルールで2種類のリストのいずれかを作成します。

■ 重複削除ルールで扱っている商品の一覧を取得

明細データから、扱っている「商品のみ」からなるリストを作成してみましょう。このケースで回数指定に指定するルールは「重複削除」ルールとなりますが、既定のルールですので、省略してOKです。

● 商品のリストを作成

次図では「商品名」データのセル範囲（D4:D13）から、重複削除ルールで得たリストを表示します。UNIQUE関数にセル範囲を指定するだけです。簡単ですね。

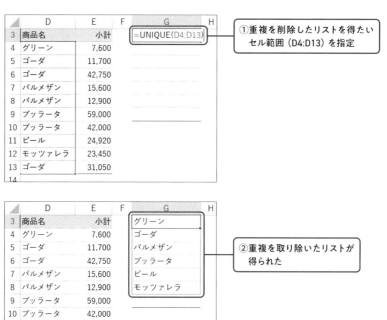

①重複を削除したリストを得たいセル範囲（D4:D13）を指定

②重複を取り除いたリストが得られた

Tips **一意ルールとは**

回数指定にTRUEを指定した場合は、「一意の値のリスト」が得られます。これは、「指定範囲に1回しか現れない値」のリストになります。重複を削除するのではなく、オンリーワンな値のみをピックアップしてリストを作成するわけですね。

Lesson 61

社員ごとの集計表を自動拡張する

365・2021
対応

社員ごとの集計を作成したいんですけど、ピボットテーブルだとちょっと大げさな気が……。

UNIQUE関数を起点とした集計の仕組みはどうでしょう？
データの増減にも自動対応できますよ。

■ 増減するデータに対応できる集計表 〔Sample 61_一覧表作成.xlsx〕

Microsoft 365、Excel 2021以降の環境では、**UNIQUE関数**（P.158）で作成したリストを起点に集計する仕組みを作成すると、手軽にデータの増減に自動対応できる仕組みが作成できます。次図では明細データを元に、担当者別の小計を表示していますが、データが増減しても関数式を変更することなく集計を行えます。

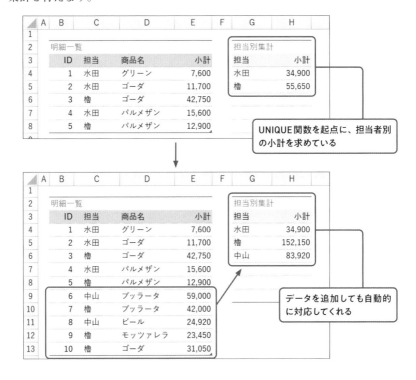

UNIQUE関数を起点に、担当者別の小計を求めている

データを追加しても自動的に対応してくれる

■ テーブル機能とスピルの仕組みを使って自動集計する

UNIQUE関数などの配列を返す形式の関数は、関数式を入力した起点セルとスピル範囲演算子を使って結果セルを参照できます（P.22）。この仕組みとSUMIF関数等の集計用関数、そしてテーブル機能（P.146）を組み合わせることで、データの増減に自動対応できる仕組みを作成していきます。

● テーブル機能のセル参照も利用

次図では、セルB3から始まるデータの入力されているセル範囲を、テーブルに変換し、テーブル名を「明細」としています。

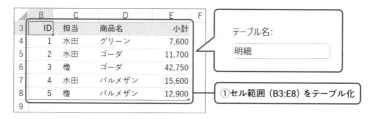

このとき、**セルG4**に、**UNIQUE関数**を使って「担当」列から重複を削除したリストを表示します。セル参照には、**構造化参照式**を利用します。

さらに作成したリスト、つまり、**セルG4を起点としたスピル範囲**を引数に組み込んで**SUMIF関数**（P.58）を作成します。

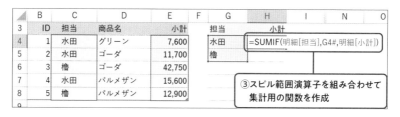

テーブル側のデータの増減は構造化参照で追跡し、関数側の結果リストの増減はスピルの仕組みで追跡できます。これで、データの増減に自動対応できる集計表の完成です。

Lesson 62 大きな一覧表から 必要列のみピックアップ

365対応

たくさん列がある一覧表から、必要な列だけを抜き出して見せたいんですけど、いい方法ってありますか？

CHOSECOLS関数ですね。列番号を指定するだけで、見せたいデータのみの表が簡単に作成できますよ。

■ 必要な列のみを抜き出す

Sample 62_CHOSECOLS関数.xlsx

Microsoft 365以降の環境では、**CHOSECOLS関数**でテーブル形式の表から必要な列のみを抜き出した結果を取得できます。大きな表から注目したいデータのみを抜き出して表示・集計したい場合にとても便利な関数です。

● CHOSECOLS関数の引数

- 配列 …………元となるデータのセル範囲や配列
- 列1 …………取り出したい列のインデックス番号
- [列2…] ……追加で取り出したい列のインデックス番号

引数は、まず、配列に大元のセル範囲や配列全体を指定し、その後、取り出したい列のインデックス番号を指定していきます。インデックス番号は、1列目が「1」となり、以下、連番で指定します。

■ FILTER関数の結果から必要列のみピックアップ

CHOSECOLS関数は単体で使うよりも、**SORT関数**（P.152）や**FILTER関数**（P.156）といった他の関数と組み合わせて利用することが多いでしょう。例えば、配列にFILTER関数の結果を入れ子にすれば、抽出結果のうち、注目したい列のみを取り出して表示できます。

● 特定商品の特例列のみを表示

次図では、「明細」テーブルから「商品名」が「ビール」のデータのみをFILTER関数の結果として取り出し、そこから2・6・7列目のデータのみをピックアップして表示します。

=CHOOSECOLS(FILTER(明細,明細[商品名]="ビール"),2,6,7)

①FILTER関数の結果から指定した列（2,6,7）を抜き出す

②抽出結果から3つの列をピックアップできた

Tips ピックアップが先でもOK

本文中では、結果として表示したい表に、抽出条件の対象列である「商品」列が含まれないため、「抽出」→「ピックアップ」の流れで式を作成しています。
抽出条件の対象列が結果の表に含まれているケースであれば、「ピックアップ」→「抽出」の流れで関数式を作成しても構いません。

163

Lesson 63 条件付き書式に関数を利用してセルを強調

365·2021·
2019·2016·
2013対応

一覧表の中から特定のデータを目につくようにしたいんですけど、うまくいきません……。

条件付き書式はどうでしょう？ 条件式に関数を利用すると、かなり自由に対象を指定できますよ。

■「色」を使って注目してほしいデータを目立たせる   Sample 63_条件付き書式.xlsx

特定のデータを目立たせたい時に有用な機能が、**条件付き書式**機能です。この条件付き書式のルールは、関数式で作成することも可能です。

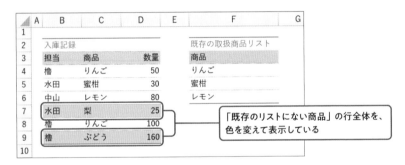

「既存のリストにない商品」の行全体を、色を変えて表示している

上図では、テーブル形式の表の「商品」列に、「F列に作成しておいた既存の商品リストに含まれていない値が入力されている場合」というルールで行全体に色を付けています。ひと目で「あ、登録していない商品だな」とわかりますね。このような仕組みを作成するコツを押さえていきましょう。

●そもそも、条件付き書式機能とは

条件付き書式機能は、指定したセル範囲に、「値が『りんご』のセル」「値が100以上のセル」などの条件（ルール）を設定し、そのルールを満たした場合に背景色やフォントの色を変更する等、書式を設定する機能です。セルの値が変更されるたびに条件を自動判定してくれるため、「自動で書式設定してくれる」機能として利用できます。

■条件付き書式の設定方法

　条件付き書式は、[ホーム]タブ内にある[条件付き書式]ボタンから設定／編集できます。ルールの指定パターンは様々なものが用意されており、特定の値かどうか等を判定するルールは、あらかじめ用意されているパターンから選ぶだけで作成できます。

[ホーム]-[条件付き書式]から様々な「条件」を満たすセルに自動的に書式を適用できる機能

●数式を使って独自のルールを作成するには

　[ホーム]-[条件付き書式]-[新しいルール]を選択して表示されるダイアログ内から、[数式を使用して、書式設定するセルを決定]を選択すると、関数式を使って独自ルールを作成できます。

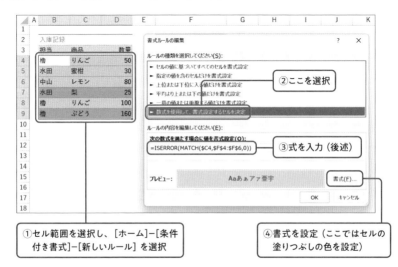

②ここを選択

③式を入力（後述）

①セル範囲を選択し、[ホーム]-[条件付き書式]-[新しいルール]を選択

④書式を設定（ここではセルの塗りつぶしの色を設定）

■ 関数や参照を使ってルールを作成するコツ

　独自ルールを作成する際、セル参照の指定方法にコツがあります。例えば、下図のセル範囲B4:D9に独自ルールで条件付き書式を設定したいとします。多くの場合は、セルB4を起点に範囲選択することでしょう。

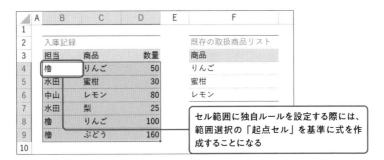

　起点セルとは、範囲選択した際に白く表示されるセルです。条件付き書式の独自ルールを指定する数式では、この起点セルが参照の基準となります。

● 起点セルを元に参照式を入力していく

　例えば「同じ行のC列の値」をチェックし、「セル範囲F4:F6」に値がない場合は色を付ける、というルールを作成するとします。起点セルがセルB4の場合、「同じ行のC列」は、列が絶対参照、行は相対参照なので、「$C4」となります。同じく「セル範囲F4:F6」は行・列共に絶対参照なので、「$F$4:$F$6」となります。

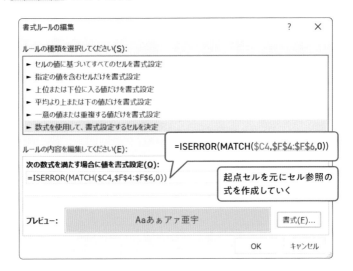

この考え方で、セル範囲B4:D9に以下の数式をルールとした条件付き書式を作成します。

```
=ISERROR(MATCH($C4,$F$4:$F$6,0))
```

式の内容は、まず、**MATCH関数**（P.182）でC列の値がセル範囲F4:F6にあるかどうかをチェックしています。この際、C列の値がセル範囲F4:F6になかった場合にはエラーとなります。そこで、**ISERROR関数**（P.198〜199）を使って「エラーかどうか」を判定します。エラーの場合は「TRUE」が返り、そうでない場合は「FALSE」が返ります。

条件付き書式機能では、ルールの式の結果が「TRUE」の場合、［書式］ボタンを押して設定した書式が適用されます。これで目的のルールが作成できましたね。

	A	B	C	D	E	F
1						
2		入庫記録				既存の取扱商品リスト
3		担当	商品	数量		商品
4		櫓	りんご	50		りんご
5		水田	蜜柑	30		蜜柑
6		中山	レモン	80		レモン
7		水田	梨	25		
8		櫓	りんご	100		
9		櫓	ぶどう	160		
10						

関数を使って条件付き書式のルールを作成できた

このように、関数式はセルに入力して結果を表示するだけでなく、**条件付き書式機能**のルール作成にも利用できます。その際には、条件を設定する起点セルに応じたセル参照を組み合わせることで細かなルール作成も可能です。

「色」を使ったデータの強調は、単純ではありますが、それゆえに強力な仕組みになります。目的のデータや気になるデータがどこにあるのかを把握したい際には、活用していきましょう。

Tips 条件付き書式を修正するには

［ホーム］−［条件付き書式］−［ルールの管理］を選択すると、選択セルに設定されている条件付き書式の一覧が表示されます。ルールや書式の確認・変更や削除などはここから行いましょう。また、［書式ルールの表示］ボックスから「このワークシート」を選択すると、シート内の条件付き書式が一覧表示されます。

数式セルのみ フォントの色を変えない

365・2021・
2019・2016・
2013対応

データを修正しているうちに、どのセルに数式が入力
されているかわからなくなってきてしまって……。

そういう場合も条件付き書式を使うと、数式が入力されている
かどうかをチェックできますよ。

■ 値のセルと数式のセルを区別したい　Sample 64_ISFORMULA関数.xlsx

データを入力している際、「あれ？　ここは数式と値、どっちだったかな？」
と混乱することがあります。そんな時には**条件付き書式機能**と**ISFORMULA
関数**を使った関数式を組み合わせると、簡単に判断できるようになります。

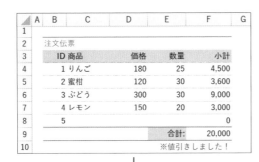

値と数式の入力が混在
している状態の表

値が入力されているセルだけ
フォントの色を変更した

● ISFORMULA 関数の引数

■ 参照 …… 判定を行いたいセル

■ 入力時に即・違和感に気づける仕組みを作る

ISFORMULA関数は引数に指定したセルに数式が入力されている場合は
TRUEを返し、そうでない場合はFALSEを返す関数です。これを、判定を行い
いたいセル範囲に対する条件付き書式のルールに応用します。

● 起点セル番地を使って「自セル」に対するルールを作成

次図のセル範囲C4:F9に**条件付き書式**を設定します。この時、セルC4が起
点セルとなるよう範囲選択します。ルールを作成する際、数式内で起点セル
への参照を相対参照で指定すると、それは「条件付き書式を設定したセル自
身（いわゆる「自セル」）」への参照として機能します。

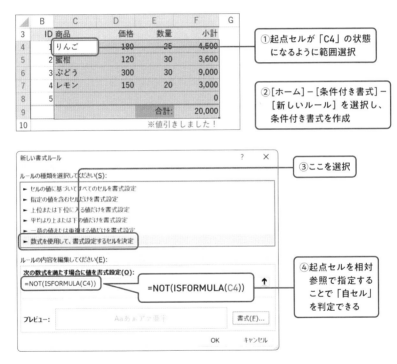

この仕組みを利用し、「=NOT(ISFORMULA(自セル))」とルールを設定
すれば、「数式『ではない』自セル」のみに書式が適用されます。これで「値
を入力した場合は色が付き、数式の場合はそのまま」というセル範囲の完成
です。

注文を取る際、営業の裁量で数式を崩して値引きを行ったような場合にも、
すぐに「ここ、数式崩したな」と把握できますね。

長く使える仕組みを作るコツは
「怖くしない」スタイルで

関数の仕組みがわかってきた頃や慣れてきた頃に気を付けたいことがあります。それは「複雑にしすぎない」ことです。

関数への理解が進むにつれ、入れ子の仕組みを利用したり、本来意図しているだろう用途とは異なる「自分だけが知っているテクニック」を駆使して関数式を作成したくなりがちです。しかし、ちょっと待ってください。

複雑すぎる式は、作成した人しか触れない、時には作成した人でさえも理解できない「怖い」式となります。

計算自体はできているからと使い続けていくと、業務の変更に合わせて修正しようする段になった時、誰も修正ができません。「頑張って読み解く」という無駄な時間を費やすことになります。しまいには「式が変更できないから業務の手順も変更できない」という本末転倒な事態にもなりかねません。

このような「怖い」式、技術的負債となるような式を作成しないようにするコツは、「複雑にしすぎない」「奇をてらったような関数の使い方をしない」ことです。作業列を利用したり、1つひとつの計算をステップごとに小分けして名前をつけながら整理できる LET 関数を使用する等、「どんな計算を行っているのか」「どんな意図で計算を行っているのか」が伝わりやすい式となるように心がけることです。

難しくて短くてカッコイイ式よりも、愚直で単純な数式の組み合わせの方が理解できる人が多く、「怖くない」式になります。

「単に答えが出れば何でもいい」、という考え方から一歩進み、「メンテナンスする人にも優しい」関数式を目指しましょう。結果として、そういう仕組みの方が長く利用してもらえる仕組みとなるのです。

自動化計算のための
関数

既存の一覧表データを元に表の一部を抽出したり、効率的に表引きするにはどうすれば良いでしょう？　基本からおさらいしたいです。

値を自動入力する仕組みを作る関数を見ていきましょう。表引きの考え方や、関数式のメンテナンスを考えて整理する考え方もポイントです。

データを「表引き」する
仕組みのおさらい

 一度入力したデータを他のところで使いたいんですけ
ど、再入力するのは面倒ですよね？

 「表引き」の仕組みを使うと便利ですよ。入力が楽になるうえ
に、入力ミスへの対処もできるんです。

■ データを自動入力して作業速度と
正確性を高める

> Sample 65_表引き.xlsx

次図では、注文伝票の「商品ID」列に値を入力すると、「商品マスター」
側のID列を検索し、入力した値に対応する商品名と価格が自動入力される
仕組みになっています。

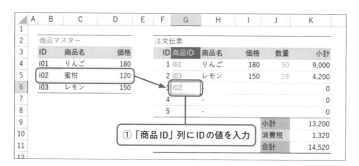

①「商品ID」列にIDの値を入力

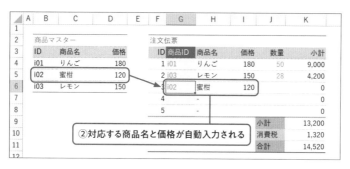

②対応する商品名と価格が自動入力される

このような、別の表の値を自動的に参照して入力する仕組みを「表引き」
と呼びます。

表引きの仕組みのメリット

　表引きの仕組みの一番のメリットは、**入力が楽になる**ことです。何列分にも及ぶデータでも、ID等の特定の値を入力するだけで全て自動入力できます。また、既に作成済みの表からデータの値を自動入力するため、データの**スペルミスが起きることはありません**。楽に入力できるうえに正確とは、得しかありませんね。

●「キー」となる列を用意して表引き

　表引きの仕組みの基本は、**元となるデータ側に目印となる列を用意する**ことです。例えば、次図では「ID」列が目印となる列（キーとなる列、**キー列**）です。表引きの際、「この値をキー列から探してください。一致するものがあれば、そのデータを下さい」と指定できる列を用意するわけですね。

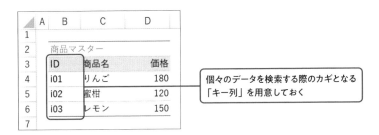

個々のデータを検索する際のカギとなる
「キー列」を用意しておく

　キー列は、「**他のデータと区別が付くデータの列**」が望ましいです。例えば、顧客情報を扱う場合、「苗字」や「名前」では他のデータと重複があるかもしれません。そこで、「顧客ID」列を用意し、他のデータと重複しない値（一意の値、**ユニークな値**）を持たせておくと、表引きの際に便利です。

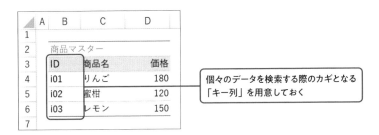

ユニークな値の列を
用意しておくと、表
引きの際にキー列と
して使いやすくなる

　表引きの仕組みを利用する場合には、「どこをキー列にすればいいかな」と考え、候補がない場合は別途、用意しておきましょう。

Chapter 7

自動化計算のための関数

173

IDに応じた商品名や価格のデータを一括で表引き

365・2021
対応

 表引きの仕組みはわかったんですけど、具体的にはどの関数を使えばいいんでしょう？

 定番はXLOOKUP関数です。キーとなる値に対応するデータをまとめて持ってこれるんです。

■ 表引きの万能関数を押さえておこう　Sample 66_XLOOKUP関数.xlsx

　作成済みの商品の情報を元に、品番を入力しただけで他の情報を自動表示する「表引き」を行う際には、**XLOOKUP関数**を利用します。

　次図では、「注文伝票」の「品番」列に品番を入力すると、対応する「商品テーブル」側の商品名と価格を自動入力しています。

「商品テーブル」のデータを表引きして表示した例

● XLOOKUP関数の引数

- 検索値 ························· 検索範囲から調べたい値
- 検索範囲 ······················ 元の表の検索対象となる範囲
- 戻り範囲 ······················ 表引きをしたい範囲
- [見つからない場合] ······ 検索値が見つからない場合に表示する値
- [一致モード] ················ 一致とみなすルール。既定は [完全一致]
- [検索モード] ················ 検索ルール。既定は [先頭から末尾]

　XLOOKUP関数は、Microsoft 365、Excel 2021以降の環境で表引きを行う際の定番関数です。非常に便利なのでぜひ、マスターしておきましょう。

■キー列から検索したい値を指定して表引き

XLOOKUP関数では、検索値を検索範囲に指定したセル範囲から探し、一致した値が見つかれば、戻り範囲に指定したセル範囲の対応する行／列全体のデータを返します。この時、戻り範囲が複数行／列を持つ場合は、行全体／列全体を、関数を入力したセルを起点としたスピル形式で返します。

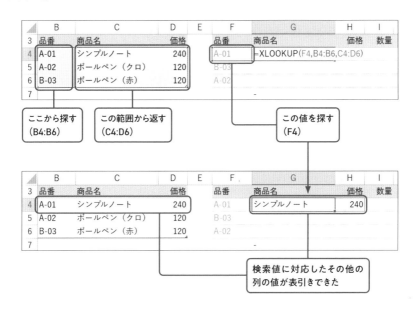

●検索値を探す範囲はタテでもヨコでもいい

検索値を探す検索範囲はタテ（行方向）でもヨコ（列方向）でも構いません。テーブル形式の表から表引きする場合は「1行がひと固まり」でデータが入力されているため、キー列全体をタテに指定した検索範囲から検索値を検索し、対応する位置の行全体のデータを取得する形となるでしょう。

●細かな検索ルールも指定可能

既定の検索のルールは、「完全一致する値」を「先頭側から」検索を行い、最初に一致した値に対応するデータを返します。この検索ルールや、検索値が見つからなかった場合に表示したい値は、4つ目以降の引数で指定可能です。

■ 検索値が見つからなかった場合に対応する

検索値が検索範囲内に見つからなかった場合は、#N/Aエラー値が表示されます。伝票形式での作表では、あらかじめ**XLOOKUP関数**を用意しておき、検索値のセルは空白のままにしておくことも多いでしょうが、その場合でもエラー値が表示されます。このままでは見栄えは良くありません。

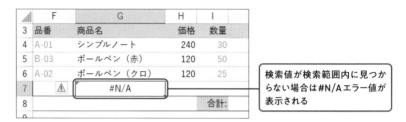

	F	G	H	I
3	品番	商品名	価格	数量
4	A-01	シンプルノート	240	30
5	B-03	ボールペン（赤）	120	50
6	A-02	ボールペン（クロ）	120	25
7	⚠	#N/A		
8				合計:

検索値が検索範囲内に見つからない場合は#N/Aエラー値が表示される

この表示は4つ目の引数である見つからない場合を使って独自の表示にすることも可能です。

● 未入力の場合でも「-」を表示

次図では、見つからない場合に「-」（半角ハイフン）を指定しています。これだけで、検索値のセルが未入力の状態でも、#N/Aエラー値を表示させることなく「-」を表示できるようになります。

	F	G	H	I	J
3	品番	商品名	価格	数量	小計
4	A-01	シンプルノート	240	30	7,200
5	B-03	ボールペン（赤）	120	50	6,000
6	A-02	ボールペン（クロ）	120	25	3,000
7		=XLOOKUP(F7,B4:B6,C4:D6,"-")			
8				合計:	16,200

①引数「見つからない場合」に「-」を指定した例

	F	G	H	I	J
3	品番	商品名	価格	数量	小計
4	A-01	シンプルノート	240	30	7,200
5	B-03	ボールペン（赤）	120	50	6,000
6	A-02	ボールペン（クロ）	120	25	3,000
7		-			0
8				合計:	16,200

②#N/Aエラーの代わりに「-」が表示されるようになった

> **Tips** 複数列にわたる値を表示したい場合には
> 複数列に値を表示するには「{"-","-"}」等、配列を見つからない場合に指定します。

曖昧検索や逆順検索で表引きする

一致モードや検索モードを指定すると、ワイルドカード検索や、逆順検索での表引きも可能です。例えば、次図のように上から順に最新のデータをどんどん下方向に追加していくタイプの表があるとします。

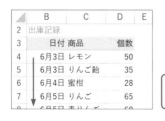

最新のデータをどんどん下に追加していくタイプの表

● 特定の値を含むデータを表引きする

この時、検索値にワイルドカード文字（P.121）を含め、一致モードに「2」を指定するとワイルドカードを使った検索が可能となります。次図では「『りんご』を含む値」をC列から検索し、最初に見つかったデータ、つまり「一番古い『りんご』を含むデータ」を表引きします。

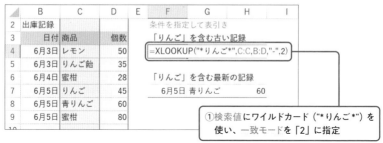

①検索値にワイルドカード（"*りんご*"）を使い、一致モードを「2」に指定

②「りんご」を含むデータのうち、一番上のものが表引きできた

③検索モードを「-1（逆順）」にすれば、一番下のデータの表引きも可

また、検索モードに「-1」を指定すると、**逆順検索モード**、つまり、**一番下のデータが表引き対象**になります。図の表は日付順に並んでいるので、結果として「最新の『りんご』を含むデータ」を表引きします。

IDに応じた商品名や価格のデータを個別に表引き

Excelって2019以前のバージョンでは表引きってできないんでしょうか？

XLOOKUP関数はありませんが、VLOOKUP関数が使えますよ。こちらも表引きの定番関数なんです。

■ バージョンを問わずに使える 表引き関数を押さえておこう

Sample 67_VLOOKUP関数.xlsx

　Excel 2019以前の表引きの定番関数と言えば、**VLOOKUP関数**です。**XLOOKUP関数**（P.174）ほど柔軟ではありませんが、「キー列左端ルール」を意識することで快適に表引きが行えます。次図ではF列の「品番」に入力した値を元に表引きし、対応する商品名と価格をG列とH列に表示します。

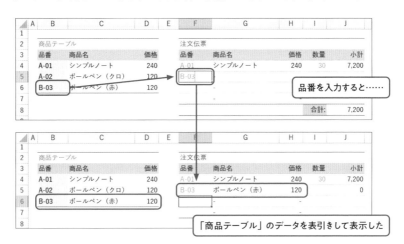

● VLOOKUP関数の引数

- 検索値 ………… 範囲から探したい値
- 範囲 …………… 左端が検索列となっているセル範囲
- 列番号 ………… 表引きしたいデータのある列番号
- [検索方法] …… TRUE／省略で[近似検索]、FALSEで完全一致検索

■ 左端の列を検索し、指定した列の値を返す

VLOOKUP関数は、検索値を範囲の左端の列から検索し、見つかった位置のデータから、列番号の位置にある値を取り出します。また、検索ルールを指定可能ですが、多くの場合、「完全に一致する値を検索する」ルールである完全一致ルールを使うことでしょう。その場合には検索方法に「FALSE」を指定します。

● 品番を元に商品情報を表引きする

次図ではG列に、F列の値を元にセル範囲B4:D6から表引きし、範囲の2列目の値を表示します。

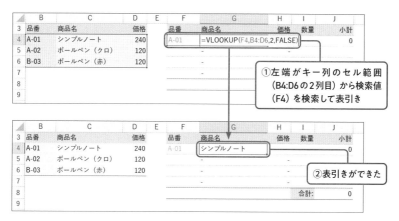

①左端がキー列のセル範囲（B4:D6の2列目）から検索値（F4）を検索して表引き

②表引きができた

同様に、H列に今度は範囲の3列目の値を表示するようVLOOKUP関数を入力します。これを表引きしたい列の数だけ繰り返せば完成です。

③表引きしたい列ごとに（ここではB4:D6の3列目）VLOOKUP関数を入力

Tips　IFERROR関数と組み合わせる

検索値が見つからない場合には#N/Aエラー値が表示されます。エラー時の表示を変更したい場合は、**IFERROR関数**（P.196）と組み合わせ、エラー値の場合に表示する値を指定します。次の関数式は、表引き結果がエラーの場合に「-」を表示します。

=IFERROR(VLOOKUP(F4,B4:D6,2,FALSE),"-")

Lesson 68 2つの要素の交差する位置のデータを表引き

365・2021・
2019・2016・
2013対応

九九の表みたいに2つの要素がクロスしている箇所の
データって、表引きできるんでしょうか？

XLOOKUP関数を使うか、INDEX関数とMATCH関数を組み合
わせれば簡単ですよ。

■ クロス集計タイプの表から表引きする `Sample 68_INDEX関数等.xlsx`

2つの要素をそれぞれタテ、ヨコの項目として並べ、それぞれの要素が交
差する位置にデータを配置していく、いわゆる**クロス集計タイプ**の一覧表か
ら表引きをしてみましょう。次図では「プラン」と「ルーム」を選択すると、
一覧表の対応するデータを表引きしています。

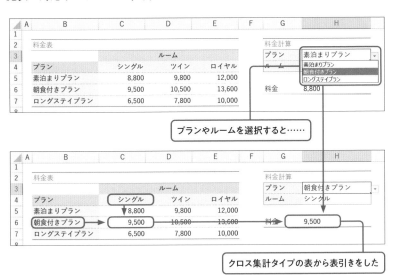

● XLOOKUP関数を使う場合の考え方

Microsoft 365、Excel 2021以降の環境では、**XLOOKUP関数**（P.174）を入れ
子にして利用するのが楽です。考え方としては、「列全体を表引きし、そこ
から対応位置のデータをさらに表引きする」というものになります。

次図では、セルH4に入力された「ルーム」の値を、セル範囲C4:E4から検索し、セル範囲C5:E7から対応する位置の列を表引きします。結果は、「シングル」の列であるセル範囲C5:C7の列となります。

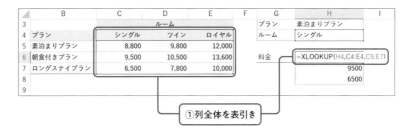

①列全体を表引き

さらにこの結果から、今度はセルH3に入力された「プラン」の値を、セル範囲B5:B7から検索し、対応する位置のデータを表引きします。関数式としては、列全体を表引きする**XLOOKUP関数**を、行位置を指定して表引きする**XLOOKUP関数**の戻り範囲として指定する形になります。

②①の結果から対応行を表引き

「プラン」「ルーム」の値の交差する位置にあるデータが取得できました。

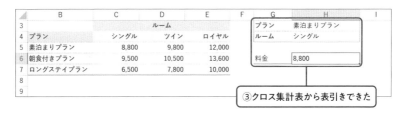

③クロス集計表から表引きできた

このように、列の表引き、行の表引きと段階を分けて式を作成すると、クロス集計タイプの一覧表からの表引きも可能となります。

Tips 　行・列の順番はどちらでも構わない

本文中では、列全体の表引き→対応する行の表引きの順番で関数式を作成しましたが、この順番は逆になっても構いません。大事なのは行方向・列方向の2つの要素のそれぞれについて「位置」を求め、その結果を使って対応するデータを取り出す、という考え方です。

■ INDEX関数とMATCH関数を使って取り出す

XLOOKUP関数が利用できない場合は、INDEX関数とMATCH関数を組み合わせて表引きします。

● INDEX関数の引数

- 配列 ………… 元となる配列、セル範囲
- 行番号 ……… 配列から取り出したい位置の番号
- [列番号] …… 配列から取り出したい位置の列番号

INDEX関数はいくつかの候補の中から1つを取り出す関数です。候補は配列に指定しますが、1行、1列、あるいは行・列に幅を持つセル範囲でもOKです。どの候補を取り出すかは、行番号・列番号で指定します。

```
=INDEX({"りんご","蜜柑","レモン"}, 1)  結果は1番目の値(りんご)
=INDEX(A1:D3, 1, 3)  結果はA1:D3内の1行目・3列目の値(セルA3)
```

● MATCH関数の引数

- 検査値 …………… 検査範囲から探したい値
- 検査範囲………… 検査値を探す配列、セル範囲
- [照合の種類]…… 検査ルール

MATCH関数は、検査値が、検査範囲に指定したリストのうち、何番目のものに合致(マッチ)するかを返す関数です。この際の検査ルールは照合の種類を使って次の3種類から指定します。

● MATCH関数の検査ルール

1	以下ルール。検査値以下の最大値にマッチ 検査範囲は昇順に並んでいることが前提
0	完全一致ルール。検査値と完全一致する値にマッチ
-1	以上ルール。検査値以上の最小値にマッチ 検査範囲は降順に並んでいることが前提

「以下ルール」「以上ルール」は主に、「10代か20代か」等の基準となる数値のリストを使って順番を知りたい際に利用します。対して、「完全一致」ルールは文字列のリストを使って順番を知りたい際に利用します。

● 列見出しと行見出しの「順番」を元にセル範囲から表引き

　では、クロス集計タイプの表から表引きしていきましょう。考え方としては、「行方向の行見出し、列方向の列見出しからそれぞれMATCH関数で検査値の『順番』を取り出し、その順番を使い、データの入力されているセル範囲からINDEX関数でデータを取り出す」という流れになります。

　次図は、セルH3に入力された「プラン」の値が、セル範囲B5:B7の何番目の位置にマッチするかを取得しています。

①MATCH関数で行（B5:B7）の順番を求める

　同じく、セルH4に入力された「ルーム」の値が、セル範囲C4:E4の何番目の位置にマッチするかを取得しています。

②列の順番も求める

　検査範囲に指定するセル範囲の方向は、タテでもヨコでもOKな点に注目して下さい。さて、これで行方向・列方向の順番が得られました。あとはこの値を使って表引きすれば完成です。

　次図ではセル範囲C5:E7から、セルI3、I4に算出した行方向の順番、列方向の順番に位置する値を表引きしています。

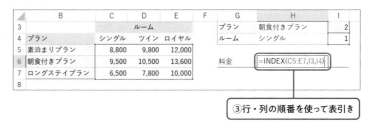

③行・列の順番を使って表引き

　これで行・列の値が交差する位置のデータが表引きできます。また、例では考え方を分かりやすくするために**MATCH関数**を個別のセルで計算していますが、**INDEX関数**に入れ子にしても構いません。

Lesson 69 セルの値によって 表示内容を切り替える

365・2021・2019対応

選択したオプション項目に応じて、計算する金額を切り替えるとかできるんでしょうか？

SWITCH関数やCHOOSE関数はどうでしょう？　どちらも値に応じて返す結果を切り替えられます。

■ 他のセルの内容に応じて表示内容を自動変更

Sample 69_SWITCH関数.xlsx

次図では、セルD3の値に応じて、セル範囲H3:I6の価格表の内容を自動変更しています。選択した価格表に応じて、自動的に表引き元の価格を「標準」「土日」「セール」の3パターンに変更しているのです。

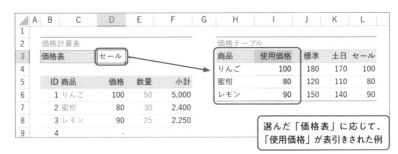

選んだ「価格表」に応じて、「使用価格」が表引きされた例

このような「セルの値によって、参照先のデータを変更する」仕組みを作成してみましょう。いろいろな方法がありますが、Microsoft 365、Excel 2019以降の環境であれば、**SWITCH関数**を利用するのがお手軽です。

● SWITCH関数の引数

- 式 ················· 判定したいセル参照や計算式
- 値1 ················ 結果1を返す値
- 結果1 ·············· 値1の時に返す値やセル範囲
- [値2, 結果2...] ····· 追加の値と結果のセット
- [既定] ············· 値のリストにマッチしなかった場合の結果

SWITCH関数は、式の結果に応じて、返す結果を何パターンかに切り替えたい場合に利用する関数です。各パターンの指定は、**2つ目以降の引数で値と結果をセットで記述していきます**。

● 値ではなく参照セル範囲を返すことも可能

結果は、値だけではなくセルへの参照を返すことも可能です。次図ではセルD3の値に着目し、「標準」「土日」「セール」の3パターンに分けて「J4:J6」「K4:K6」「L4:L6」の対応するセル範囲の参照を返し、スピル表示します。

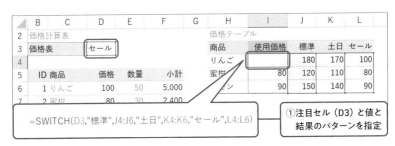

=SWITCH(D3,"標準",J4:J6,"土日",K4:K6,"セール",L4:L6)

①注目セル（D3）と値と結果のパターンを指定

②セルD3の値に応じて返す結果を切り替えられた

これで表引き元のデータを、柔軟に変更できますね。

> **Tips** Excel 2019はCSE形式で入力
>
> Excel 2019では結果をスピル表示できないため、結果を表示したいセル範囲全体を選択し、Ctrl + Shift + Enter のCSE入力で配列数式として**SWITCH関数**を入力します。

CHOOSE関数で切り替える

Excel 2016以前の**SWITCH関数**が利用できない環境では、同じ考え方で**CHOOSE関数**が利用できます。

CHOOSE関数の引数

- インデックス……**返したい値のインデックス番号**
- 値1……………………**返したい値その1**
- [値2...]……………**追加の返したい値**

CHOOSE関数は、インデックスに指定した値に応じて、2つ目の引数以降に列記した値の中から1つを返します。つまり、**2つ目以降が返したい値のリスト**です。返す値は、数値や文字列などの値だけでなく、セル参照を返すことも可能です。

MATCH関数を使って値に応じた「番号」を返す

次図では下準備として、セルD3の値に応じて1〜3の値を返す仕組みを、**MATCH関数**（P.182）で作成しています。

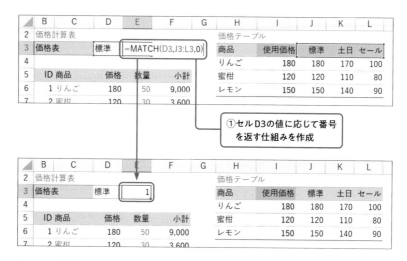

CHOOSE関数では、どの候補を返すかは、1から始まるインデックス番号で指定します。そのため、まずはセルの値に応じた順番を返す仕組みを作成するわけですね。

MATCH関数で検索する値のリストは、配列を直接指定しても良いですし、図のように作成済みの表の見出し部分を利用しても構いません。

● CHOOSE関数をCSE形式で入力

続いて、値に応じて参照するセル範囲を切り替える仕組みを作成します。次図では、まず、結果を表示したいセル範囲であるセル範囲I4:I6を選択し、**CHOOSE関数**の引数に、**MATCH関数**が入力されているセルE3、そして、対応する3つのセル範囲「J4:J6」「K4:K6」「L4:L6」を引数に指定して入力し、最後に Ctrl + Shift + Enter でCSE数式（配列数式）として入力します。

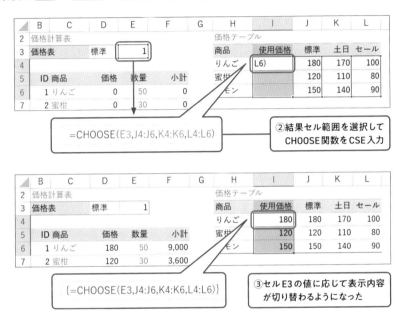

②結果セル範囲を選択して
CHOOSE関数をCSE入力

=CHOOSE(E3,J4:J6,K4:K6,L4:L6)

③セルE3の値に応じて表示内容
が切り替わるようになった

{=CHOOSE(E3,J4:J6,K4:K6,L4:L6)}

セルE3の値は、セルD3で選択した価格表の種類に応じて変化します。これで、指定の価格表に対応した価格へ、自動的に切り替わる仕組みの完成です。

Tips リスト選択は［入力規則］機能が便利

［データ］－［データの入力規則］から利用できる**入力規則機能**を使うと、セルへ入力する値を指定リストから選択できるようになります。興味のある方は書籍やWeb等で調べてみましょう。

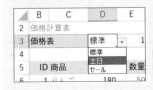

入力規則機能でリストから値を選択・
入力できるようにしたところ

行・列単位で参照 セル範囲を切り替える

365・2021・
2019・2016・
2013対応

今度は3要素以上のクロス集計表から表引きしなくては
ならないのですが、どうすれば良いでしょう。

OFFSET関数はどうでしょう？　決まったセル範囲の大きさの
まま、行・列の位置をズラせるんです。

■ 行方向・列方向にズラして参照する　　`Sample 70_OFFSET関数.xlsx`

次図は、「商品」「サイズ」「提供単位」の3要素からなるクロス集計表です。
この表から、商品・サイズ・提供単位の3要素を指定して表引きする仕組み
を作成してみましょう。方法はいろいろありますが、お手軽なのは**OFFSET
関数**を利用する方法です。

選択した「提供単位」が参照するセル範囲

「提供単位」の種類に応じて、参照セル範囲を列単位
でズラし、「価格」「数量」「小計」を計算

● 基本となるセル範囲を決め、そこからズラす行・列数を指定

考え方としては、基準となる表引き元となるセル範囲を1つ決め、そこか
らセル範囲の大きさの分だけ行・列方向に参照セル範囲をズラせる仕組みを
作成します。

● OFFSET 関数の引数（抜粋）

- 参照 ······ **基準となるセル範囲**
- 行数 ······ **ズラす行数**
- 列数 ······ **ズラす列数**

OFFSET関数は参照に指定したセル範囲を、行数、列数分だけズラしたセル範囲を返します。では、仕組みを作成していきましょう。まずは基準となるセル範囲C5:E7から、2要素のクロス集計表を表引きする仕組みを作成します。これは**INDEX関数**と**MATCH関数**の組み合わせ（P.182）でできますね。

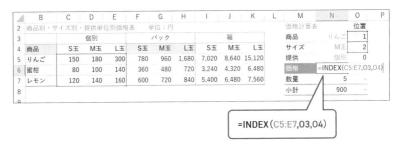

=INDEX(C5:E7,O3,O4)

さらに表引き範囲をズラせる仕組みを**OFFSET関数**で追加します。下図では行数は「0」だけ、列数はセルO5の値の分だけズラしています。

=INDEX(OFFSET(C5:E7,0,O5),O3,O4)

これで参照先をズラす仕組みができました。セルO5が「0」ならば「0列分」ズレた位置、つまり基準セル範囲から表引きし、「3」なら3列分ズレたF5:H7から、「6」なら6列分ズレたI5:K7から表引きします。

あとはセルO5に「提供」の値に対応して「0,3,6」の値を返す関数を作れば完成です。サンプルでは、

```
=VLOOKUP(N5,{"個別",0;"パック",3;"箱",6},2,FALSE)
```

と、**VLOOKUP関数**を利用しています。このあたりは好みとバージョンによってしっくりくるものを使ってください。

自動化計算のための関数

Lesson 71
YESかNOかを判定する 条件式のおさらい

365・2021・
2019・2016・
2013対応

セルの値がいくつなのかによって表示する結果を切り替えられるって聞いたんですけど、本当ですか？

IF関数などで可能ですよ。でもその前に「条件」を判定する方法を押さえておきましょう。

■ TRUEかFALSEかを判定する式

Sample 71_条件式.xlsx

条件式の仕組みを使うと、「セルの値は50以上かどうか」「日付が5月内かどうか」等の問いかけに対し、「はい」か「いいえ」のいずれの答えが得られます。例えば次図ではセルB3の値に対して、4種類の問いかけを行っています。

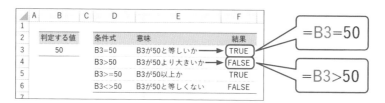

問いかけに対してTRUEかFALSEかを返す条件式の例

この問いかけを行う式を「条件式」と言います。また、得られる「はい」か「いいえ」かの答えは、「はい（真）」に相当する「TRUE」と、「いいえ（偽）」に相当する「FALSE」のいずれかとして返されます。

TRUEとFALSEをまとめて「真偽値」と言います。

● 条件式で利用する演算子

演算子	例	意　味
=	A = B	AはBと等しい
>、<	A > B、A < B	AはBより大きい／小さい
>＝、<＝	A ＞ ＝ B、A ＜ ＝ B	AはB以上／以下
<>	A < > B	AはBと等しくない

190

■ 条件式を使ってグループ分けをして集計する

条件式は左ページの表のように、「=」「＞」「＜」の3つの演算子を組み合わせて作成します。「等しい」「大きい」「小さい」はわかりやすいですね。「以上」「以下」は不等号とイコールを組み合わせますが、**不等号が先に来ます**。そして「等しくない」かを判定するには「＜＞」と不等号を重ねます。

● 判定式を作業列に入力して集計

次図ではE列に、「C列の値が18以上かどうか」という判定式を入力しています。結果は18以上であれば「TRUE」となり、そうでなければ「FALSE」となります。

①作業列に「C列の値が18以上かどうか」という条件式（=C4>=18）を入力

この結果の一覧を **COUNTIF関数**（P.70）などで数えれば、未成年・成年の人数がわかるわけですね。

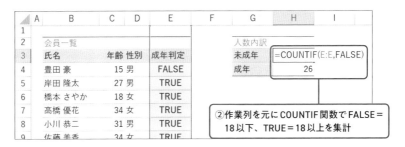

②作業列を元に COUNTIF 関数で FALSE ＝ 18以下、TRUE ＝ 18以上を集計

FALSEの数を数えれば未成年の人数が、TRUEの数を数えれば成年の人数がわかります。また、「=COUNTIF(E:E,C4>=18)」のように条件式を関数の引数の中に入れ子にしても構いません。ともあれ、条件式の仕組みを使うと、問いかけを行い、結果をTRUEかFALSEかで得られます。

○○全て、
○○もしくは××を判定

 じゃあ1つの条件式だけでなくて、複数条件を満たすも
のをチェックすることもできますか？

 AND関数やOR関数を使うと、複数の条件式を使った判定がで
きるようになりますよ。

■「全てを満たす」「いずれかを満たす」 〔Sample 72_AND関数等.xlsx〕
判定を行う

　次図では一覧表の「年齢」「性別」に着目し、「成人、かつ、男性」「15～
20歳の間」「23歳、もしくは、33歳」のデータの数をカウントしています。
このような複数条件を使った判定は、複数の条件式を、**AND関数**と**OR関数**
を組み合わせて判定します。

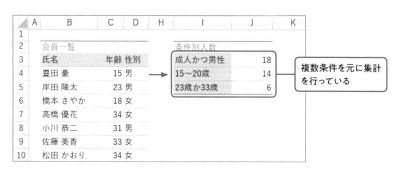

● AND関数・OR関数の引数

- ■ 論理式1…………1つ目の条件式（論理式）
- ■ [論理式2...]……2つ目以降の条件式（論理式）

　AND関数と**OR関数**の引数は同じです。判定を行いたい条件式を、引数と
して列記していきます。

　AND関数は「指定した条件式の全てがTRUEかどうか（全てを満たすかどう
か）」を判定し、**OR関数**は「指定した条件式のいずれかがTRUEかどうか（い
ずれかを満たすかどうか）」を判定します。

2つ以上の条件式を組み合わせて判定

AND関数は「全てTRUE」の時にTRUEを返し、**OR関数**は「いずれかが TRUE」の場合にTRUEを返します。この仕組みを使うと、複数の条件式を 組み合わせた判定が可能となります。

●「全て」「いずれか」「2つの値の間の範囲」を判定

次図ではE列で**AND関数**を使い、「C列が18以上」「D列が『男』」という2 つの条件式を全て満たすかどうかを判定しています。

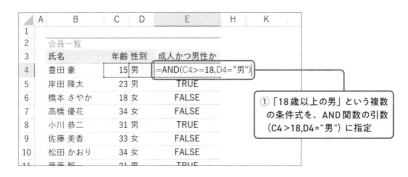

① 「18歳以上の男」という複数 の条件式を、AND関数の引数 (C4>18,D4="男") に指定

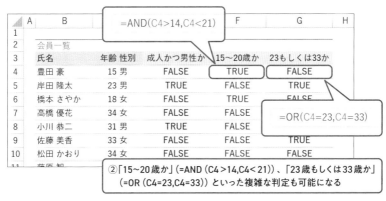

=AND(C4>14,C4<21)

=OR(C4=23,C4=33)

② 「15～20歳か」(=AND (C4>14,C4<21))、「23歳もしくは33歳か」 (=OR (C4=23,C4=33)) といった複雑な判定も可能になる

またF列では、C列が「14より大きい」「21より小さい」という条件式を 全て満たすかどうか、つまり、「年齢が15～20歳の間」かどうかを**AND関数** で判定しています。さらにG列では、「C列が23」「C列が33」という条件式 のいずれかを満たすかどうか、つまり「年齢が23歳もしくは33歳」かどう かを**OR関数**で判定しています。

複雑な条件を満たすデータかどうかを自動判別できるようになりますね。 この値を元に、データのピックアップや集計を行っていきましょう。

Lesson 73 条件に応じてセルの表示内容を自動変更

365・2021・
2019・2016・
2013対応

通常、5000円以上の注文の時は送料無料にしています
が、そうでない場合と分けて計算を自動化できますか?

IF関数の出番ですね。条件式を満たすかどうかで表示する内
容を切り替えられるんです。

■ ケースによって表示内容を切り替える際の定番関数

Sample 73_IF関数.xlsx

　条件によって表示内容を切り替えたい時の定番中の定番といえば**IF関数**です。「金額が5000円以上ならば」「得点が80以上ならば」「在庫数が100を切ったならば」等、「○○ならば」という計算を行いたいケースの第1の選択肢となる関数です。きっちりと覚えていきましょう。

　次図では小計が5000円以上ならば「送料」を「0」とし、そうでなければ「900」を表示しています。

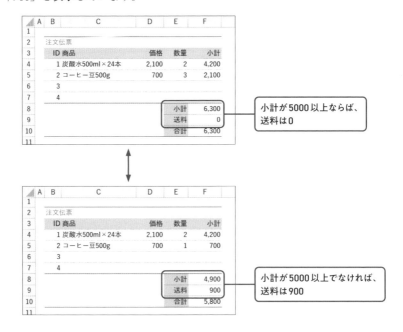

小計が5000以上ならば、
送料は0

小計が5000以上でなければ、
送料は900

● IF関数の引数

- ▫ 論理式 ·················· TRUEかFALSEかを返す式
- ▫ ［値が真の場合］······ 論理式の結果がTRUEの時の表示内容
- ▫ ［値が偽の場合］······ 論理式の結果がFALSEの時の表示内容

IF関数では、まず、TRUEかFALSEかを返す式を論理式に指定します。多くの場合は条件式（P.190）や、IS系関数（P.198）がここに来ます。続いて、論理式の結果がTRUEの時の表示内容とFALSEの時の表示内容を順番に列記します。

●「5000以上」かどうかで表示内容を分岐

次図ではセルF8の値が5000以上の場合は、「0」を、そうでない場合は「900」を表示しています。

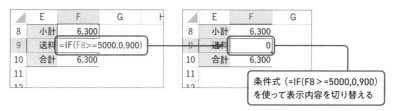

条件式しだいで様々な判定を行い、表示内容を切り替えられます。

●「値が入力されていれば」計算結果を表示する

帳票を作成する場合の定番が**「値が入力されていれば計算結果を表示し、入力されていなければ『""』（空白文字列）を表示して見かけ上空白にしておく」**仕組みです。次図ではE列に値が入力されていれば乗算結果を表示し、されていない場合は「""」を表示します。

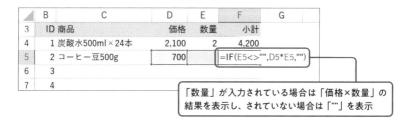

セルに値が入力されているかどうかは、「対象セル<>""」等の式で判定します。値が入力されているときのみ結果を表示できるため、帳票の見た目をスッキリと保てますね。

Lesson 74 エラーの場合には表示内容を自動変更

表引きの時にエラーが表示されて、見栄えがすごく悪くなってしまうんです……。

IFERROR関数を利用すると、エラーの時に表示する内容を自動変更できますよ。

■ 式がエラーの場合にのみ表示内容を切り替える

Sample 74_IFERROR関数.xlsx

「式の内容がエラーかどうか」によって表示内容を切り替える時の定番が**IFERROR関数**です。次図ではエラー表示の出る表引きの式や計算式を、エラーの場合には「-」や空白文字列を表示するよう修正しています。

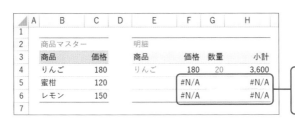

場合によってはエラーの出る式が入力されている

IFERROR関数と組み合わせてエラー値の代わりに表示する値を指定した例

● IFERROR関数の引数

- 値 .... エラーが発生する可能性のある式
- エラーの場合の値 ...... 値の結果がエラーの場合に表示する内容

IFERROR関数は、値にエラーが出る可能性のある式を指定し、続いて、値の結果がエラーだった場合に表示したい値を指定します。シンプルですね。

■ 表引き結果や計算結果のエラーを「隠す」

　エラー値はどんなミスが起きているのかを知るのに役立つ情報ですが、あえてエラーの出る式を入力している場合もあります。検索値が未入力状態での表引きや、計算式が入力されている場合です。こんな場合は **IFERROR関数** でエラー値の代わりに任意の内容を表示させましょう。

● 表引きエラーの際に「-」を表示

　次図では、**VLOOKUP関数**（P.178）の結果がエラーの場合に「-」を表示します。仕組みを作成する際の順序としては、まず、普通に **VLOOKUP関数** の式を作成し、それが機能することを確かめられたら、**IFERROR関数** の引数として入れ子にし、エラーの場合の表示内容を付け加えます。一度に作成しようとすると混乱しがちですので、2段階に分けて作成しましょう。

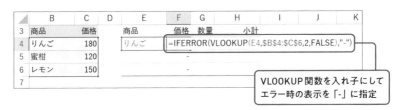

● 数式の計算エラーの際に「""」を表示

　次図ではF列の「価格」とG列の「数量」を乗算する式がエラーの際に「""」（空白文字列）を表示します。いくつかの関数や算術計算は、エラー値や文字列を対象に含めて計算しようとするとエラー値を返します。このエラーをとりあえず「隠したい」場合に **IFERROR関数** を利用していきましょう。

Chapter 7

自動化計算のための関数

> **Tips** 　表現を「やわらげる」用途に利用
> **IFERROR関数** は見方を変えると「エラー時に独自のメッセージを表示できる」関数です。エラー値を見ると「怖い」「触りたくない」となってしまうオペレーターの方に、「こうやればエラーが解消されますよ」と柔らかく伝える用途にも利用できますね。

Lesson 75 数値なのか文字なのか、空白なのか等を判定

365・2021・
2019・2016・
2013対応

文字が入ってない場合に注意を促すメッセージを表示する、みたいなこともできるんですか？

ISNOTTEXT関数で判定できますよ。その他にも「IS系」の関数はいろいろな判定ができるんです。

■「IS」で始まる関数の多くは判定用の関数

Sample 75_IS系関数.xlsx

ISTEXT関数やISNOTTEXT関数等、「IS」で始まる関数の多くは、「指定セルが○○かどうか」を判定するための関数です。英語の疑問文の「Is this ～ ?」という形式に合わせて関数名を付けてあるわけですね。

これら「IS系」の関数を使うと、条件式だけでは面倒な判定も簡単に行えます。下図ではセルB3に対して各種の判定を行っています。

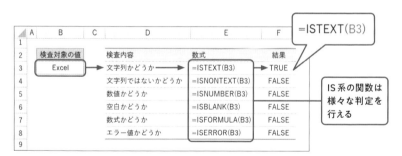

● IS系関数の引数

■ テストの対象／参照……判定を行いたい値やセル参照

IS系の関数の引数は1つだけ。その関数で判定を行いたい値やセル参照です。判定結果はTRUEもしくはFALSEの真偽値で返します。

真偽値のことを「論理値」とも言います。また、論理値を返す式を「論理式」と呼びます。条件式やIS系の関数は共に論理式の一種です。

■ かゆい所に手が届く判定が用意されているIS系関数

IS系の関数は、値のデータ型（文字列かどうか、数値かどうか、エラー値かどうか等）を判定するものや、セルの状態（空白かどうか、数式が入力されているかどうか等）を判定するものが用意されています。

● 13種類のIS系関数

2023年2月現在、ExcelにはI13種類のIS系の関数が用意されています。作成する表で利用したい判定があれば活用していきましょう。

● IS系関数の名称と判定内容

関　数	判定内容
ISBLANK	空白かどうか
ISFORMULA	数式が入力されているかどうか
ISREF	セル参照式かどうか
ISTEXT	文字列かどうか
ISNOTTEXT	文字列ではないかどうか
ISNUMBER	数値かどうか
ISERROR	エラー値かどうか
ISERR	#N/A以外のエラー値かどうか。表引き時に検索値が見つからない場合（#N/A）以外のなんらかのミスがあるかどうか判定する時などに利用
ISNA	#N/Aかどうか。表引き時に検索値が見つからない場合（#N/A）のみをピンポイントで対処したい時などに利用
ISEVEN	偶数かどうか。条件付き書式と組み合わせて「偶数行だけ色を付ける」等にも利用
ISODD	奇数かどうか。条件付き書式と組み合わせて「奇数行だけ色を付ける」等にも利用
ISLOGICAL	論理値かどうか
ISOMITTED	Microsoft 365以上限定。**LAMBDA関数**（P.212）で指定したパラメーターが省略されているかどうかを判定。規定値を持つLAMBDA式を作成したり、エラーメッセージを表示したりといった用途に利用

Chapter 7

自動化計算のための関数

Lesson 76

複数条件に応じて表示内容を自動変更

365・2021・2019対応

 IF関数を入れ子にして複数条件式に応じた結果を表示しているんですけど、入れ子がややこしくて……。

 Excel 2019以降の環境でしたらIFS関数を利用すると入れ子にしなくても書けますよ。

■ 入れ子状のIF関数式をシンプルに書ける関数

Sample 76_IFS関数.xlsx

「得点に応じて優・良・可の判定を行いたい」等、複数の条件式を利用して判定をしたい場合、次のように、**IF関数**（P.194）を入れ子にして（ネストして）作成することがあります。

```
=IF(得点>=80,"優", IF(得点>=60,"良",IF(得点>=40,"可", "不可")))
```

2019以降の環境では、IFS関数を利用するとネストせずに記述できます。

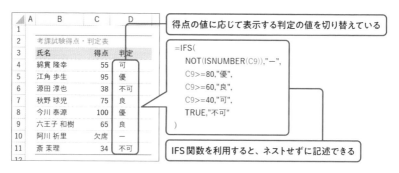

● IFS関数の引数

- 論理式1 .... 1つ目の条件式
- 値が真の場合1 .... 論理式1の結果がTRUEの時に表示する値
- [論理式2...] 2つ目以降の条件式
- [値が真の場合2...] 2つ目以降の条件式の結果がTRUEの時に表示する値

条件式とTRUEの時の値をセットで列記していく

IFS関数では、2つの引数を1セットとし、論理式と、論理式がTRUEだった時の値を順番に記述していきます。このセットを判定したい条件式の数だけ繰り返します（最大127セットまで）。

条件式は先に指定したものから順番に判定され、TRUEになるものが見つかった時点で対応する値を表示します。それ以降の条件式は判定されません。ということは、条件式の順番に気を付ける必要があるということです。

● 得点に応じて判定を表示

次図ではC列の「得点」の値に応じて、「数値ではない」「80以上」「60以上」「40以上」「それ以外」の5つの条件式に応じて対応する値を表示します。なお、条件式と値のセットを記述する際に見やすいよう、セットごとに Alt + Enter でセル内改行を挿入しています。

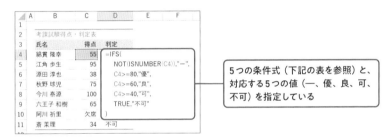

5つの条件式（下記の表を参照）と、対応する5つの値（―、優、良、可、不可）を指定している

● この例の場合の条件式と意味

条件式	意 味
NOT(ISNUMBER(C4))	C4が数値ではない
C4>=80	上記をどれも満たさず、C4が80以上
C4>=60	上記をどれも満たさず、C4が60以上
C4>=40	上記をどれも満たさず、C4が40以上
TRUE	上記をどれも満たさない

5つの条件式は順番に評価され、対応する値が表示されます。注目したいのは5番目の条件式「TRUE」です。IFS関数はIF関数と違い、条件式がFALSEの時の値を指定する仕組みがありません。そこで、最後の条件式を「TRUEの場合」とすることで、「前述の条件式をどれも満たさない場合」という条件式とし、表示する値を指定します。

連続した値や ランダムな値を用意する

 関数式を組んだ時に、うまく動くかどうかのテスト用 のデータが欲しいんですけど、用意が大変で……。

 SEQUENCE関数やRANDBETWEEN関数を使うと、連続する値 やランダムな値が計算できますよ。

■ テスト用のダミーデータ作成に 便利な関数

Sample 77_SEQUENCE関数等.xlsx

　本レッスンでは、組み上げた関数をテストする際のダミーデータを作成す る際に便利な関数をいくつかご紹介します。

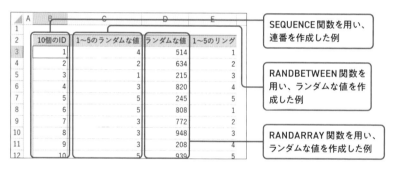

SEQUENCE関数を用い、 連番を作成した例

RANDBETWEEN関数を 用い、ランダムな値を作 成した例

RANDARRAY関数を用い、 ランダムな値を作成した例

　連続した値の配列が欲しい場合は**SEQUENCE関数**を利用します。Microsoft 365以上の環境で利用可能です。行×列のセル範囲に、開始の値から、目盛 りの増加分ごとに連続した値の配列を、スピル形式で返します。

　戻り値は配列となり、結果としてスピル表示されるため、連続値を得るだ けでなく、スピル形式で計算したい範囲を決める起点としても利用できます。

● SEQUENCE関数の引数

- 行 ………… **結果の行数**
- [列] ………… **結果の列数。既定は「1」**
- [開始] ……… **連続値の開始値。既定は「1」**
- [目盛り] …… **連続値の増加値。既定は「1」**

一方、ランダムな整数値はRANDBETWEEN関数で得られます。Excel 2013以降の環境で利用可能です。最小値〜最大値間のランダムな整数を返します。

● RANDBETWEEN関数の引数

- 最小値 …… 乱数の最小値
- 最大値 …… 乱数の最大値

ランダムな値の配列が欲しい場合はRANDARRAY関数を利用します。Microsoft 365以上の環境で利用可能です。RANDBETWEEN関数とSEQUENCE関数を組み合わせたような関数で、行×列のセル範囲に最小〜最大間のランダムな数値を返します。整数値に限定したい場合は整数に「TRUE」を指定します。

● RANDARRAY関数の引数

- [行] ……… 結果の行数。既定は「1」
- [列] ……… 結果の列数。既定は「1」
- [最小] …… 乱数の最小値。既定は「0」
- [最大] …… 乱数の最大値。既定は「1」
- [整数] …… 整数を返すには「TRUE」、小数も含めるには「FALSE(既定)」

● 具体的な関数式の例

- 1〜10の連続値を行方向に入力

  `=SEQUENCE(10)`

- 1〜10の連続値を列方向に入力

  `=SEQUENCE(1, 10)`

- 100〜200のランダムな値を入力

  `=RANDBETWEEN(100, 200)`

- 10行5列の範囲に800〜2500のランダムな整数を100単位で入力

  `=RANDARRAY(10, 5, 8, 25, TRUE) * 100`

■ 連続する日付やランダムな日付はシリアル値の仕組みで

シリアル値の「1日が『1』」というルール（P.74）と組み合わせると、連続する日付やランダムな日付も簡単に用意ができます。

● 連続する日付はSEQUENCE関数

連続する日付を表示したい場合は基準日を決め、**SEQUENCE関数**で「1」ごとの値のリストを作成します。次図ではセルB3を起点に横方向に1週間分（7個）の連続する日付を入力します。

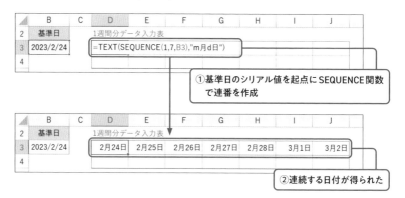

①基準日のシリアル値を起点にSEQUENCE関数で連番を作成

②連続する日付が得られた

● ランダムな日付はRANDBETWEEN・RANDARRAY関数

特定期間内のランダムな日付は、最小値に期間の開始日を、最大値に期間の終了日を指定して**RANDBETWEEN関数**です。リストが欲しい場合には、リスト入力したいセル範囲を選択し、Ctrl + Enter で範囲入力するか、同じ考え方で**RANDARRAY関数**を利用します。

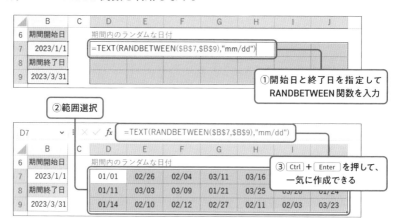

①開始日と終了日を指定してRANDBETWEEN関数を入力

②範囲選択

③ Ctrl + Enter を押して、一気に作成できる

■ 値のリストと組み合わせてランダムな値を出力

INDEX関数（P.182）やCHOOSE関数（P.186）と組み合わせると、連続したリストやランダムな商品を用意できます。

● リストからランダムに出力

3つの商品のいずれかを表示したい場合は、**RANDARRAY関数**でランダムなインデックス番号を作成し、**INDEX関数**等の引数で指定したリストから選択する仕組みを作成します。

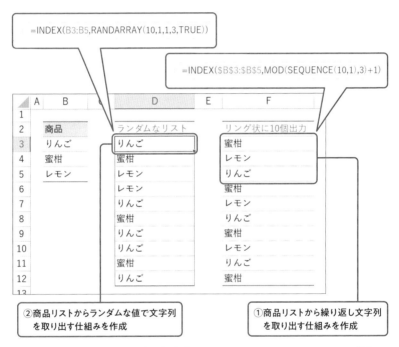

=INDEX(B3:B5,RANDARRAY(10,1,1,3,TRUE))

=INDEX($B$3:$B$5,MOD(SEQUENCE(10,1),3)+1)

②商品リストからランダムな値で文字列を取り出す仕組みを作成

①商品リストから繰り返し文字列を取り出す仕組みを作成

一定のリストの値を繰り返し出力する、いわゆるリングバッファの仕組みは **SEQUENCE関数** と **MOD関数** を組み合わせます。**SEQUENCE関数**で作成した連番から、**MOD関数**で連番をリスト数で割った剰余を求め、その値にプラス1すれば、1から始まるリスト数までのインデックス番号の連番を連続出力できます。この連番を **INDEX関数** 等で利用しましょう。

RANDARRAY関数や**SEQUENCE関数**を絡めて作成した関数式は、結果としてスピル形式で出力されますので、関連する式もスピル演算子を利用して作成しておけば、数式の「重さ」のテストを行うために表示数を調整するのも簡単ですね。

Lesson 78

複数テーブルのデータを連結して1つの表を作る

365対応

月ごとや事業所ごとに入力しておいたデータを1つにまとめる作業が大変。効率の良い方法はありますか？

VSTACK関数やテーブル機能を組み合わせれば自動でまとめてくれる仕組みが作成できますよ。

■ 複数テーブルのデータを連結する仕組みの作成

Sample 78_VSTACK関数等.xlsx

Microsoft 365以上の環境では、シート内、ブック内に散らばっているデータを1つに連結した一覧表の作成に、**VSTACK**関数や**HSTACK**関数が利用できます。さらに、テーブル機能と組み合わせれば、元の表にデータが追加・削除された時点で自動的に連結し直す仕組みの作成も可能です。

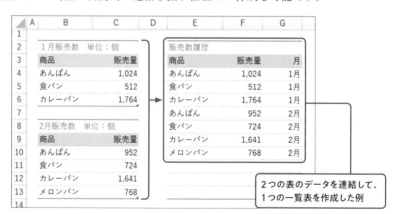

2つの表のデータを連結して、1つの一覧表を作成した例

● VSTACK関数・HSTACK関数の引数

- 配列1……………1つ目の連結したい配列やセル範囲
- [配列2...]……2つ目以降の連結したい配列やセル範囲

VSTACK関数と**HSTACK**関数の引数は非常に単純です。連結したいセル範囲をどんどん指定していくだけです。**VSTACK**関数はタテ方向に、**HSTACK**関数はヨコ方向に連結した配列を返します。結果はスピル表示されます。

■ テーブル機能と組み合わせて自動連結する仕組みを作成

引数に指定するセル範囲は、テーブル機能を使ってテーブル範囲としておくと、セル範囲の指定が楽になるだけでなく、データの増減に応じて自動的に連結結果の方も更新してくれます。

● 月ごとに管理しているデータを連結する

次図では、セル範囲B3:C6をテーブル名「販売数_1月」、セル範囲B9:C13を「販売数_2月」としています。

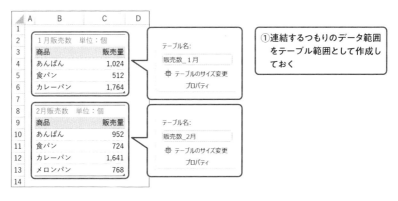

あとは**VSTACK関数**の引数に連結したいテーブル名を列記するだけです。テーブル名で参照されるセル範囲はテーブルのデータ範囲となるので、結果として各テーブルのデータ範囲をタテ方向に連結したテーブルが得られます。

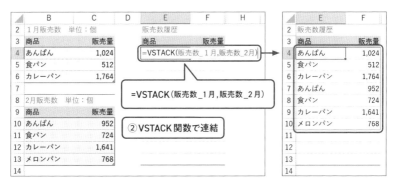

結果の配列はスピル形式で表示されますので、テーブル側のデータが増減した場合でも即座に連結結果の方も更新してくれますね。

■ 既存の表に新たな列を付け加えて整理する

表を連結する際、「この箇所はどの表由来のデータか」がわかるようにしておきたい場合には、**EXPAND関数**を併用します。

● EXPAND関数の引数

- 配列 ………… 拡張したい元の配列
- 行数 ………… 拡張後の配列の行数
- [列数] ……… 拡張後の配列の列数。省略時は配列と同じ列数
- [規定値] …… 拡張したセルへ入力する規定値。省略時は「#N/A」

EXPAND関数は、配列を元に、任意の行数・列数に拡張した配列を返します。元の配列から拡張した部分には、規定値で指定した値が入力されます（パディングされます）。

次図では、セル範囲B4:C6の3行・2列のデータ（配列）を、同じ行数・3列に拡張し、拡張部分に「1月」と入力した配列を作成します。

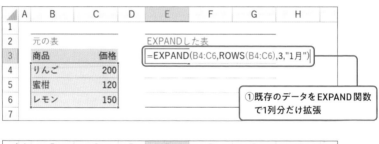

元の配列の行数は、引数に指定したセル範囲の行数を返す**ROWS関数**で求めています。拡張された列は元の配列の末尾に付け加えられ、規定値として指定した「1月」という値が全てのセルに入力されます。

 ROWS関数は引数に指定したセル範囲の行数を返し、同じくCOLUMNS関数（P.162）は列数を返す関数です。

● テーブルごとに月の値を追加して連結

次図では2つのテーブルを、それぞれ1列拡張し、「1月」「2月」という値
をパディングした上で連結しています。

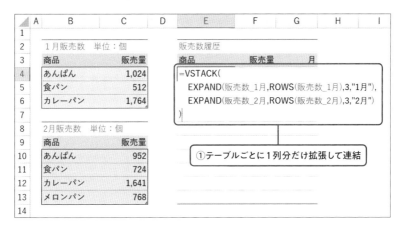

①テーブルごとに1列分だけ拡張して連結

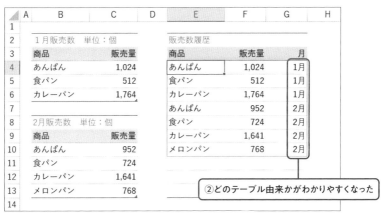

②どのテーブル由来かがわかりやすくなった

連結後の表を確認すると、3列目を見ればどのテーブル由来のデータなの
かがわかるようになっていますね。もちろん、テーブル側のデータが増減し
ても同じように拡張&連結した結果を返してくれます。

このような自動連結の仕組みがあれば、シートごとに月ごとや社員ごと、
事業所ごとにデータを整理して入力しておき、全体的な集計や傾向分析を行
う際には連結結果を利用するタイプの業務がスムーズに進みますね。

Lesson 79

作業列を使わずに ステップごとに計算する

365・2021
対応

関数を組み合わせようと思うと複雑で……。作業列だ
けじゃ対応しきれない場合もあるんです。

LET関数でステップを踏んで整理するのがお勧めです。配列を
返す系の関数でも対応可能です。

■ 複雑な計算をステップごとに整理する　Sample 79_LET関数.xlsx

Microsoft 365、Excel 2021以降の環境では、**LET関数**を利用することで複
雑な関数式をステップごとに整理しながら組み立てることが可能となります。

下図では、明細の中から「①担当ごとにデータを抽出」「②そのデータで
扱っている商品名から重複を取り除いたリストを作成」「③リストをカンマ区
切りの文字列として連結」という3ステップの作業を整理しながら組み立て
ています。

何ステップかに分けて計算する関数式を
LET関数で整理整頓して計算している

● LET関数の引数

- 名前1 ……………………… 1ステップ目の計算の名前
- 名前値1 …………………… 1ステップ目で行う計算
- [名前2, 名前値2…] …… 2ステップ目以降の計算の名前と計算のセット
- 最終的な計算 …………… 最終的な計算

LET関数の基本は「名前」とそれに対応した「計算」のセットです。ステッ
プ名とそのステップで行う計算を2つの引数を使い、セットで指定します。

特徴的なのは、各ステップの計算式の中では、**それ以前に行った計算の結果を、ステップ名を使って参照できる**点です。必要なだけ計算を行ったら、最後の引数に最終的に出力したい式を指定します。

● ステップの整理と実際の関数式

次図では3つのステップを踏み、さらに最終的な計算を1つ加えて関数式を作成しています（各ステップと計算内容は次表を参照）。

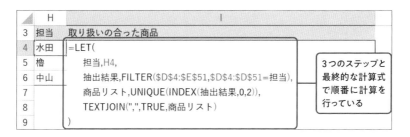

	H	I
3	担当	取り扱いの合った商品
4	水田	=LET(
5	櫓	担当,H4,
6	中山	抽出結果,FILTER($D$4:$E$51,$D$4:$D$51=担当),
7		商品リスト,UNIQUE(INDEX(抽出結果,0,2)),
8		TEXTJOIN(",",TRUE,商品リスト)
9		)

> 3つのステップと最終的な計算式で順番に計算を行っている

● 各ステップと計算内容

ステップ名	式と説明
担当	**H4** 以降「担当」という名前でセルH4を扱えるようにする
抽出結果	**FILTER($D$4:$E$51,$D$4:$D$51=担当)** 担当の扱っている商品データを**FILTER**関数で抽出 以降「抽出結果」という名前で抽出結果を扱えるようにする
商品リスト	**UNIQUE(INDEX(抽出結果,0,2))** 抽出結果から2列目のデータ全体を取得し、**UNIQUE**関数で重複を削除したリストを作成 以降「商品リスト」という名前でリストを扱えるようにする
－	**TEXTJOIN(",",TRUE,商品リスト)** 商品リストをカンマで連結した文字列を作成 ステップ名を指定していないのでこの計算が最終的な出力になる

やっている計算内容はともあれ、名前（ステップ名）と式をセットで扱い、ステップを踏んで計算を行っている点に注目して下さい。そして、最後に指定した「ステップ名なし計算」が最終的な出力になります。

名前と式のセットごとにセル内改行を入れながら式を作成していくと、頭を整理しながら式が組み立てられるのでお勧めです。

Lesson 80 一連の計算方法を 独自関数として適用

365対応

特定セル範囲のデータにいつものパターンの計算を適用
した結果を表示したいのですが、良い方法はありますか？

LAMBDA関数で計算をパターン化して、それを適用する各種
関数と組み合わせるのがお勧めです。

■「この計算を適用した結果が欲しい」 Sample 80_LAMBDA関数.xlsx 時の仕組みを作成

Microsoft 365、Excel 2021以降の環境では、**LAMBDA**関数を使うと、「い
つもよくやる計算」を「ラムダ式」もしくは、単に「ラムダ」と呼ばれるオ
リジナルの関数のようにひとまとめにできます。

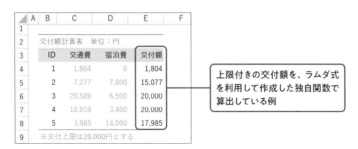

	A	B	C	D	E	F
1						
2		交付額計算表　単位：円				
3		ID	交通費	宿泊費	交付額	
4		1	1,804	0	1,804	
5		2	7,277	7,800	15,077	
6		3	20,589	6,500	20,000	
7		4	18,059	3,400	20,000	
8		5	3,985	14,000	17,985	
9		※交付上限は20,000円とする				

上限付きの交付額を、ラムダ式
を利用して作成した独自関数で
算出している例

● LAMBDA 関数の引数

- 引数/計算……………独自の引数名、もしくは計算式
- [最終的な計算]……最終的な値の計算式

LAMBDA関数は、独自関数を作成し、返す関数です。どういうルールで作
成するかというと、扱いたい引数名を扱いたい数だけ指定し、最後の引数に
最終的な計算式を指定します。ちょっと変わっていますね。最終的な計算式
の中では、引数名を使って引数として渡された値を扱えます。

複雑な計算を行いたい場合は、最終的な計算式内で入
れ子の仕組みや**LET**関数を利用します。

■ 上限付き交付額を算出するオリジナル関数を作成

　大変便利な仕組みなのですが、あまりピンと来ない方も多いかと思います。まずは作って使ってみましょう。今回作成するのは以下の3つの引数を持つ関数です。

- 交通費 ……… **申請する交通費の金額**
- 宿泊費 ……… **申請する宿泊費の金額**
- 上限 ………… **交付総額の上限**

　関数の用途としては「交通費と宿泊費を申請し、交付される金額を算出する関数」です。

● LAMBDA関数でラムダ式を作成

　この関数を **LAMBDA関数** で定義すると次のようになります。

> =LAMBDA(交通費,宿泊費,上限,MIN(SUM(交通費,宿泊費),上限))

　まず、「交通費」「宿泊費」「上限」の3つの引数名を3つの引数として列記し、4つ目の引数で「交通費と宿泊費の合計と、上限金額のうち、低い方を返す」計算を行っています。

● ラムダ式を「名前」に登録

　作成したラムダ式は「**名前**」機能で登録すると、独自の名前の関数として登録できます。まずは［数式］-［名前の定義］を選択し、［新しい名前］ダイアログを表示します。

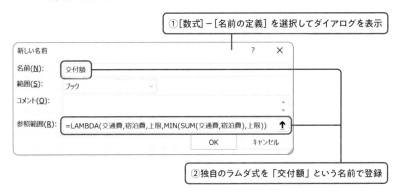

①［数式］-［名前の定義］を選択してダイアログを表示

②独自のラムダ式を「交付額」という名前で登録

　［名前］欄に独自の関数名、［参照範囲］欄に **LAMBDA関数式** を入力します。図では上記のラムダ式を「交付額」という名前で登録しています。

●ラムダ式をワークシート関数として利用

登録した名前の独自関数を利用してみましょう。シート上で「=交付額(」と入力すると、数式オートコンプリート機能が働き**LAMBDA関数**で定義しておいた引数名がヒント表示されます。

今回は3つの引数を定義しましたので、3つの引数を指定しましょう。

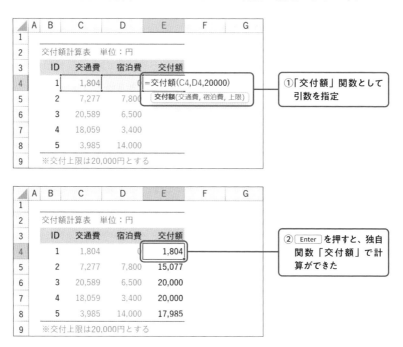

①「交付額」関数として引数を指定

②[Enter]を押すと、独自関数「交付額」で計算ができた

[Enter]を押して入力すれば、引数を利用し、**LAMBDA関数**で定義した最終的な計算の結果が表示されます。

独自の計算が独自の関数名・引数を使って行えるようになりましたね。これで複雑な計算を作成・修正する際にも、「自分はどういうつもりでこの式を作ったのだろうか」「どの値を何のつもりで使おうとしているのか」等を整理しながら作業が行えますね。

Tips 「名前」登録しなくても利用可能

ラムダ式は「名前」として登録しなくても匿名関数として利用可能です。引数を指定する際には、**LAMBDA関数**の定義後に、続けてカッコ内に引数を記述します。次の式は、2つの引数「x」「y」を加算した結果を返す匿名関数に、「10」「20」の2つの引数を渡して実行した結果を返します。「=LAMBDA(x, y, x+y)(10, 20)」。

■ ラムダ式を配列に対する手続きとして利用する

LAMBDA関数はExcel 2021以降の環境で利用可能なのですが、［名前］登録を行わないと手軽に扱うのが面倒な面があります。本領を発揮するのは365版以上のみで扱える配列をベースとした各種関数と組み合わせる用途でしょう。他の関数の引数としてLAMBDA関数を指定し、「指定した配列の値に対して行いたい処理（手続き）」を指定することが可能となります。

● MAP関数でセル範囲全体に対する手続きを指定

例えば、Microsoft 365以上で利用できるMAP関数は、1つ目の引数として指定したセル範囲の個々の値に、2つ目の引数で指定したラムダ式を適用した結果の配列を返す関数です。

● MAP関数

- 配列 ………… 元となる配列、セル範囲
- ラムダ式 …… 配列の個々の値に適用したいラムダ式

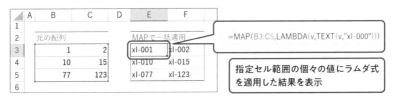

この際、配列の1つひとつの値は、LAMBDA関数で定義した1つ目の引数に渡されます。このように、「配列を指定」→「適用したいラムダ式を指定」というパターンで数式を作成していきます。

ラムダ式を引数に取る関数には次のようなものがあります。それぞれLAMBDA関数の引数として渡される内容が異なります。

● ラムダ式を引数に取る関数

関　数	用　途	渡される内容
MAP	配列の個々の要素にラムダ式を適用	個々の要素
BYROW	配列の行単位でラムダ式を適用	行ごとの配列
BYCOL	配列の列単位でラムダ式を適用	列ごとの配列
MAKEARRAY	指定行・列数の新規配列の初期値計算にラムダ式を利用	行番号と列番号

■ 配列の値と「前回の結果」をラムダ式に渡すタイプの関数

Microsoft 365以上で利用できる**SCAN関数**と**REDUCE関数**は、ラムダ式を利用するタイプの関数ですが、引数として配列の値と「前回の計算の結果」を渡して計算を行います。

● SCAN関数・REDUCE関数の引数

- 初期値 ………**計算の初期値**
- 配列 …………**計算に利用する値の配列**
- ラムダ式……**個々の配列の値に適用したいラムダ式**

SCAN関数と**REDUCE関数**は共に、初期値に計算の基準となる値を指定し、配列に、初期値に対して適用したい値のリスト（配列）を指定します。さらに、計算内容を定義するラムダ式を指定します。

配列の要素数だけラムダ式の計算を繰り返しますが、このとき、1つ目の引数に前回の要素を使ったラムダ式の計算結果、2つ目の引数には配列の個々の値が格納されます。

2つの関数は同じ計算を行いますが、**SCAN関数は要素ごとの計算結果の配列を返し、REDUCE関数は最終的な計算結果のみを返します。**計算過程まで表示したければSCAN、結果だけ欲しければREDUCEです。

● 日数を元に時・分・秒数を計算

次図ではセルB3の日数を初期値に、「24（時間）」「60（分）」「60（秒）」の3要素を持つ配列を元に計算を行い、対応する時・分・秒数を計算します。

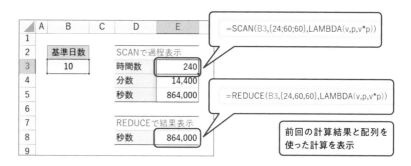

3回の計算は1回目が「10（初期値）×24」、2回目が「240（1回目の結果）×60」、3回目が「14,400（2回目の結果）×60」となります。

●「繰り返し○○する」系の計算をREDUCE関数で行う

REDUCE関数は「繰り返し○○する」タイプの計算をシンプルに記述できます。例えば、SUBSTITUTE関数（P.126）は特定の文字列を置換した結果を返しますが、置換対象の検索文字列を配列として用意し、REDUCE関数と組み合わせれば、配列の要素全てを検索し、特定の文字列に置換した結果を得ることも可能です。

次図では「渡辺」「渡邉」「渡邊」を全て「渡辺」に統一した結果を表示しています。

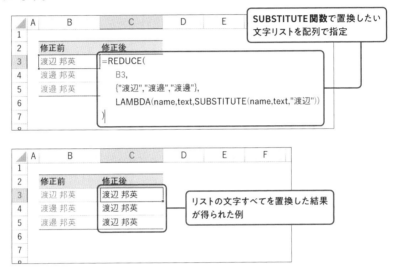

●「特定回数繰り返す」系の計算はSEQUENCE関数と組み合わせる

「○回繰り返す」「○行分繰り返す」タイプの計算はSEQUENCE関数（P.202）で繰り返し回数分の配列を作成して組み合わせます。例えば、次図のようにセル範囲H4:I9の内容の分だけ置換を行いたいとします。

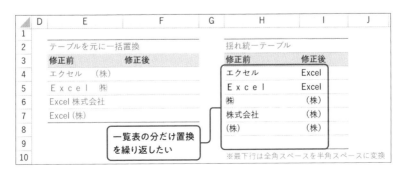

この場合、繰り返したい回数はセル範囲H4:I9の行数ですね。これは**ROWS関数**で計算できます。この行数の分だけの連番を持つ配列を**SEQUENCE関数**で作成し、ラムダ式で配列計算を行うタイプの関数に利用します。

次の式では、セル範囲H4:I9の一覧表の行数分だけ**SUBSTITUTE関数**による置換を繰り返します。

```
=LET(
  table,$H$4:$I$9,
  REDUCE(
    E4,
    SEQUENCE(ROWS(table)),
    LAMBDA(str,r,
      SUBSTITUTE(str,INDEX(table,r,1),INDEX(table,r,2))
    )
  )
)
```

SEQUENCE関数で行数分の配列、つまり、「1～6の連番を要素に持つ配列」を作成し、それぞれの値を**REDUCE関数**のラムダ式の引数「r」として利用しながら6回の処理を繰り返します。結果として、「6回の置換を行った結果」が得られます。

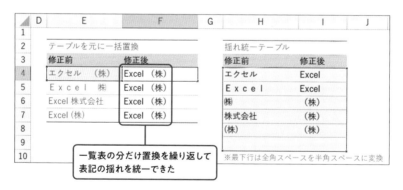

「まずは処理対象のリスト（配列）を作成」→「その配列にラムダ式を適用」という考え方で計算を行えるようになりますね。

索 引

古川順平（ふるかわ・じゅんぺい）

富士山麓でExcelを扱う案件中心に活動するテクニカルライター兼インストラクター。Excelに関する著書には、『ExcelVBA［完全］入門』『Excelマクロ＆VBAやさしい教科書』『かんたんだけどしっかりわかるExcelマクロ・VBA入門』（以上SBクリエイティブ）、共著・協力に『Excel VBAコードレシピ集』（技術評論社）、『スラスラ読める Excel VBAふりがなプログラミング』（インプレス）等。趣味は散歩とサウナ巡り。

STAFF

ブックデザイン	山之口正和＋齋藤友貴（OKIKATA）
カバー・本文イラスト	くにともゆかり
DTP制作	井上敬子
校正	株式会社トップスタジオ
デザイン制作室	今津幸弘
デスク	今村享嗣
編集長	柳沼俊宏

■商品に関する問い合わせ先

このたびは弊社商品をご購入いただきありがとうございます。本書の内容などに関するお問い合わせは、下記のURL
または二次元バーコードにある問い合わせフォームからお送りください。

https://book.impress.co.jp/info/

上記フォームがご利用いただけない場合のメールでの問い合わせ先
info@impress.co.jp
※お問い合わせの際は、書名、ISBN、お名前、お電話番号、メールアドレス に加えて、「該当するページ」と「具体的
なご質問内容」「お使いの動作環境」を必ずご明記ください。なお、本書の範囲を超えるご質問にはお答えできない
のでご了承ください。

●電話やFAX でのご質問には対応しておりません。また、封書でのお問い合わせは回答までに日数をいただく場合
 があります。あらかじめご了承ください。
●インプレスブックスの本書情報ページ　https://book.impress.co.jp/books/1122101141では、本書のサポー
 ト情報や正誤表・訂正情報などを提供しています。あわせてご確認ください。
●本書の奥付に記載されている初版発行日から3年が経過した場合、もしくは本書で紹介している製品やサービス
 について提供会社によるサポートが終了した場合はご質問にお答えできない場合があります。

■落丁・乱丁本などの問い合わせ先
　FAX　03-6837-5023
　service@impress.co.jp
　※古書店で購入された商品はお取り替えできません。

社会人10年目のビジネス学び直し
仕事効率化＆自動化のための
Excel関数虎の巻
2023年3月21日　　　初版発行

著　者　　古川 順平
発行人　　小川 亨
編集人　　高橋隆志
発行所　　株式会社インプレス
　　　　　〒101-0051　東京都千代田区神田神保町一丁目105番地
　　　　　ホームページ　https://book.impress.co.jp/

印刷所　　株式会社暁印刷

ISBN978-4-295-01621-2 C3055
Printed in Japan